Succulent plants

Haworthia

Tsuruoka Hideaki

NHK Publishing

NHK
趣味の園芸

12か月栽培ナビ
NEO
**多肉植物
ハオルチア**
Haworthia

靍岡秀明

Contents

本書の使い方 …………………… 4

ハオルチアの魅力 … 5

ハオルチアって、どんな植物？ …… 6
観賞上のポイントが豊富 ………… 8
ハオルチアの自生地と栽培環境 …… 10

ハオルチア図鑑 … 11

軟葉系普及種 ………………… 12
軟葉系希少種 ………………… 24
硬葉系普及種 ………………… 30
硬葉系希少種 ………………… 36
斑入り種 ……………………… 40

ハオルチアの
年間の作業・管理暦 …………… 46
栽培を始める前に ……………… 48

12か月栽培ナビ … 49

1月 ………………………… 50
2月 ………………………… 52
3月 ………………………… 54
葉ざし ………………………… 56
4月 ………………………… 58
交配 …………………………… 60
タネまき ……………………… 63
鉢上げ ………………………… 64
5月 ………………………… 66
6月 ………………………… 68
7月 ………………………… 70
夏越しのポイント ……………… 72
8月 ………………………… 74
9月 ………………………… 76
植え替え ……………………… 78
株分け ………………………… 80
根ざし ………………………… 82

10月 ……………………… 86
11月 ……………………… 92
12月 ……………………… 94

コラム
鉢合わせを楽しむ ……………………… 84
ハオルチアの自生地を訪ねる …………… 88

育て方のポイント ……………… 96
栽培環境をつくる ………………………… 96
柔らかい光を長く当てる～置き場の基本 …… 98
使用する用土 ……………………………… 101
肥料について ……………………………… 102

ハオルチアQ&A 栽培で困ったときに ……… 103
トルンカータの葉が伸びた ……………… 103
一番下の葉が枯れた ……………………… 104
葉が赤茶けてきた ………………………… 104
なかなか大きくならない ………………… 106
硬葉系は日ざしに強い？ ………………… 106
硬葉系は交配が難しい？ ………………… 107
株元がぐらつく …………………………… 107
根が1本しかない！ ……………………… 108
万象の窓の模様が薄くなった …………… 109
窓だけ地上に出して育てたい …………… 109
根が傷んで甘い香りがする ……………… 110
主要な害虫と病気 ………………………… 111

本書内での用語の説明

・**窓（まど）**／葉先の透明な部分。光を葉の内部まで通すため、窓と呼ばれる。葉の裏側にある場合は裏窓と呼ばれる。
・**ロゼット型**／葉が重なり合って放射状に広がり、バラの花のような形になること。
・**鋸歯（きょし）**／葉の縁につく細かいとげのこと。
・**ノギ**／葉先につく細い毛のこと。
・**結節（けっせつ）**／白点模様。十二の巻などの白い帯も白点の集合なので結節と呼ばれる。瑞（ずい）とも呼ばれる。
・**単頭性（たんとうせい）**／子が吹きにくい性質。子が吹きやすい性質は分頭性という。
・**キール**／葉先から下へ葉裏の中央部を走る盛り上がった部分。元は船首から船尾まで船底の中心を突き抜ける構造材を指す。竜骨ともいう。

[本書の使い方]

本書はハオルチアの栽培に関して、1月から12月の各月ごとに、基本の手入れや管理の方法を詳しく解説しています。また主な原種・品種の写真を掲載し、その自生地や特徴、管理のポイントなどを紹介しています。

ハオルチアの魅力
→5～10ページ
ハオルチアの分類や楽しみ方のポイント、自生地の環境などを紹介しています。

ハオルチア図鑑
→11～45ページ
ハオルチアの人気種から希少種まで90種以上について写真で紹介。それぞれの種の主な自生地、栽培の注意点に関する解説も付しました。

12か月栽培ナビ
→49～95ページ
月ごとの手入れと管理の方法を初心者にもわかりやすく解説しています。作業の手順は、適期の月に主に掲載しています。

育て方のポイント
→96～102ページ
ハオルチアが順調に生育する環境について、日照、風通し、水やりの3つの視点から解説。肥料や用土についても紹介しています。

ハオルチアQ&A
→103～111ページ
ハオルチア栽培でつまずきやすいポイントをQ&A形式で解説しています。

[図鑑のラベルの見方]

Haworthia cooperi var. truncata
Bolo Nature Reserve

❷ **トルンカータ**　★☆☆☆☆ ← ❸
❹ 東ケープ州・イーストロンドン北周辺
❺ 育てやすく入門者に最適。直径4～10cm。高さ3～5cmの小型種で、がっちりした姿に群生する。和名は雫石。水が足りなかったり、日光が強すぎたりすると赤みがかる。東ケープ州の限られた地域に自生。オブツーサとも呼ばれる。

❶ 学名（特に自生地によって姿が異なるものは、採種番号と採種地を示した）
❷ 種名
❸ 栽培難易度を5段階で表示
　★非常に育てやすい
　★★★　普通
　★★★★★　非常に難しい
❹ 南アフリカ共和国内の自生地、交配種であれば交配された国
❺ 種の特徴

●本書は関東地方以西を基準にして説明しています。地域や気候により、生育状態や開花期、作業適期などは異なります。また、水やりや肥料の分量などはあくまで目安です。植物の状態を見て加減してください。
●種苗法により、品種登録されたものについては譲渡・販売目的での無断増殖は禁止されています。また、品種によっては、自家用であっても増殖が禁止されていることもあるので、葉ざしや株分けなどの栄養繁殖を行う場合は事前によく確認しましょう。

chapter 1

ぷっくりした葉に透明な窓が
特徴のハオルチア。
見どころが多いだけでなく、半日陰で育つので
ベランダでの栽培に向いていたり、
コレクションする楽しみがあったりと、知れば知るほど、
奥の深さが感じられる植物です。

ハオルチアの魅力

ハオルチアって、どんな植物?

種類ごとに個性的な株姿

　ハオルチアは放射状に広がる葉が特徴の小型の多肉植物です。その株姿は種類によって大きく異なります。

　葉の先端がふっくらとした丸い窓になっているものから、先が鋭くとがったものまでさまざま。葉が旋回するように伸び出した幾何学的な株姿もあれば、扇状に分厚い葉が広がるものもあります。

　よく見ると、葉の窓に入る模様や筋、色、さらには表面の質感など、1株ごとに個性があり、見飽きることがありません。種類ごとに違う株姿のユニークさ、かわいらしさ、カッコよさが魅力といっていいでしょう。

分類学上の位置

　ハオルチアは単子葉植物の仲間で、最新の分類体系(APG IV)ではツルボラン科(*Asphodelaceae*)に分類されています。自生地はおもに南アフリカで、狭い地域にたくさんの種が分布しています。

　多肉植物の仲間ではアロエに近く、古くは一緒にユリ科に分類されたり、アロエ科にされたりしたこともありました。属としては、ずっとハオルチア属として1つにまとめられていましたが、最近になって、ハオルチア属(*Haworthia*)、ハオルチオプシス属(*Haworthiopsis*)、トゥリスタ属(*Tulista*)の3属に分類されました。

分類学上の位置

ツルボラン科
　ススキノキ科の亜科だったが、APG IVでは独立した科とされた。現在約40の属が分類されている。

ハオルチアの3つの属
　ハオルチアの多くはハオルチア属に分類され、軟葉系と硬葉系の一部の種が含まれている。ハオルチオプシス属とトゥリスタ属に分類されているのは、いずれも硬葉系の種。3属には花の形に特徴的な違いがある。

各属の花

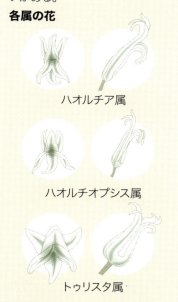

ハオルチア属

ハオルチオプシス属

トゥリスタ属

3属の違いの1つは花の形に表れる。

「軟葉系」と「硬葉系」

観賞上、「軟葉系」「硬葉系」の2つに大きく分けられます。この幅広さがハオルチアのもう1つの魅力といえるでしょう。

軟葉系はふっくらとした葉に窓をもつのが特徴です。特に透明感あふれる窓をもつ種類は、葉の内部で光が反射して宝石のように美しく、多くのファンを引きつけています。また、このほかレース状の薄い葉をもつ種類もあり、軟葉系の一つのジャンルになっています。なお、分類学上は軟葉系のほとんどの種類がハオルチア属に属しています。

一方、硬葉系は力強くシャープなフォルムと堅い葉が特徴で、葉の鈍い光沢やザラザラとした質感と相まって、質実剛健なイメージがあります。分類学上はほとんどがハオルチオプシス属、トゥリスタ属のどちらかに属します。

軟葉系

硬葉系

軟葉系の特徴

- 草丈が低くロゼット状に葉が広がる。
- 葉が緑～暗緑色で柔らかく、ふっくらしたものが多い。
- 葉の先端部が透明な窓になっているものが多い。
- 根は硬葉系と比べると細い。

硬葉系の特徴

- 草丈が高く、葉が放射状に立ち上がるものが多い。
- 葉の緑色が濃いものが多く、硬く、シャープな形をしている。
- 葉の先端部はとがったものが多い。
- 根は軟葉系と比べると太い。

観賞上のポイントが豊富

ディティールにこだわろう

すでに述べたように、ハオルチアの魅力は種類が豊富なこと、そしてその多様性にあります。葉の窓に入る模様や筋、葉色の変化、葉表面の質感など、観賞上のポイントも豊富（右ページ参照）。ディティールにこだわればこだわるほど、ハオルチアのおもしろみが増してきます。

育てやすく生活空間にも合う

日本の気候でも育てやすく、多肉植物栽培の入門に向いています。また多肉植物のなかでも小型で、栽培に場所をとらないのも利点です。

ほかの多肉植物と比べても強い日ざしを必要としないため、戸外の軒下などだけでなく、ベランダや室内の窓辺など、身近な場所で栽培して、楽しむこともできます。郊外の戸建て住宅はもちろん、マンションなど都市の生活空間にもよく合います。

ハオルチアは比較的丈夫なため、日ざしが足りなければLED照明で光を補い、風通しが不安ならサーキュレーターを使うなど、試行錯誤しながら、自分で栽培方法を工夫するおもしろさもあります。

原種と交配種の違いに注目

ハオルチアには何よりも好きな種類にこだわって集める楽しみがあります。同じ原種でも自生地によって少しずつ株姿が異なっています。専門店で入手する原種には採取された場所が記録されている場合があり、地域ごとの株の個性や変異などを読み解く楽しさもあります。

また、交配種のなかには、葉の模様や筋、質感など、見どころをいくつも兼ね備えたすぐれた品種が多く、またバリエーションも豊富です。原種と交配種の違いに注目して、集めるのもいいでしょう。株の交換会など、ハオルチアはアマチュアの趣味家同士の交流も活発です。

自分だけの交配種をつくる

ハオルチアは花がよくつき、交配も容易です。一部を除き自分の株の花粉では受精しない性質のため、自家授粉を防ぐ手間がいらず、別の株の花粉をとって人工授粉すると簡単にタネを得ることができます。気に入った種類の株どうしを交配させることで、より自分好みの交配種がつくれる可能性があります。

ハオルチアのここに注目！

窓の輝き、模様

軟葉系には葉に透明な窓をもつ種類がある。トルンカータはふっくらとした宝石のような輝きが美しい（左）。透明な部分に葉脈のような筋がくっきり入った亜房宮（右）。

白い斑点、帯模様

硬葉系のファスシアータの仲間は白い帯が変化してさまざまな模様を見せる。白い斑点が美しいプミラ（左）。斑入りの十二の光（右）。

ザラザラの肌

硬葉系のなかには葉の表面に突起があり、恐竜やゴム製の玩具を思わせるような質感のものもある。鬼瓦（左）。

旋回する葉

硬葉系の規則正しく放射状に伸びる葉は、まるで回転するプロペラのよう。幾何学的な株姿のおもしろさ。モーリシアエ（右）。

ハオルチアの自生地と栽培環境

観賞上のポイントが豊富

　ハオルチアの自生地はおもに南アフリカ共和国南部です。西ケープ州、東ケープ州に多くの種類が集中するほか、北ケープ州、クワズール・ナタール州などにも点在しています。

　気候帯ではステップ気候から地中海性気候などの比較的温暖湿潤な地域がメインです。丘陵地や高地が多く、冬に最低気温0℃近くまで下がる場所もあります。また、多くの地域で乾季と雨季の区別もあります。

栽培型は「春秋型」

　日本の季節では春と秋がハオルチアの好む温度帯で、この時期に旺盛に生育するため、栽培型としては「春秋型」といえます。

　冬は生育緩慢になり、半休眠の状態になります。霜や北風の当たる場所は避け、最低温度0～3℃以上を保ちます。日本の高温多湿の夏は苦手です。遮光ネットで日ざしを弱めて温度を下げ、風通しにも気を配ります。水やりも控えめにしましょう。

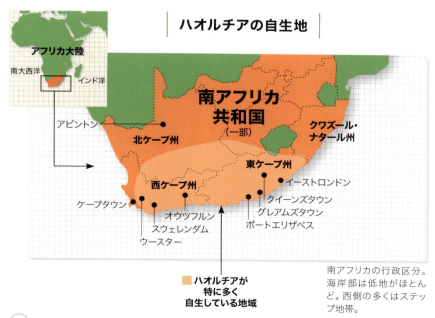

ハオルチアの自生地

南アフリカの行政区分。海岸部は低地がほとんど。西側の多くはステップ地帯。

chapter 2

ハオルチア図鑑

軟葉系、硬葉系、
斑入り種に分けて、
90種以上を紹介。
まずは眺めてお気に入りの種を
見つけてみてください。

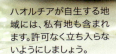

ハオルチアが自生する地域には、私有地も含まれます。許可なく立ち入らないようにしましょう。

| Haworthia | # 軟 葉 系 | 普 及 種 |

葉はみずみずしくて柔らかく、宝石のように角張った形の葉先が特徴ですが、種類によっては丸みを帯びているものもあります。葉の先端部分が透明な「窓」になっている種類が多く、上からのぞき込むように観賞します。種類や個体によって、窓に現れる模様に微妙な違いがあり、光の当たり方で独特の光沢を放つことが、ハオルチアがしばしばクリスタルプランツと呼ばれる理由の一つになっています。そのほか、葉の表面が微毛に覆われたり、レース状になったりしている種類もあります。

Haworthia cooperi var. *truncata*
Bolo Nature Reserve

トルンカータ ★☆☆☆

東ケープ州・イーストロンドン北周辺

育てやすく入門者に最適。直径4〜10cm。高さ3〜5cmの小型種で、がっちりした姿に群生する。和名は零石(れいせき)。水が足りなかったり、日光が強すぎたりすると赤みがかる。東ケープ州の限られた地域に自生。オブツーサとも呼ばれる。

Haworthia cooperi var. *pilifera* MBBsn

ピリフェラ ★☆☆☆

グレアムズタウン北東・キングウィリアムズタウン

青みがかった緑色の葉の縁に毛羽があるのが特徴。葉の形は鋭く長いものから先端が丸いものまでさまざま。大きさは3cm程度から20cm弱まで幅がありさまざま。個体差が大きい種。東ケープ州一帯の乾いた草原に自生。

Haworthia transiens Plein Plasie Rivier

トランシエンス ★☆☆☆

ポートエリザベス西・ユニオンデール南など

平らな葉は全体に葉脈が透け、ふにゃふにゃと柔らかい。株は直径最大5cmほど。北部のバビアンスクルーフから、南部プリンスアルフレッドパスまで自生。自生地では川沿いの石の上に露出して生えていることもある。

Haworthia cooperi var. *venusta*

ベヌスタ ★★☆☆

東ケープ州・グレアムズタウン南

直径5～7cm。葉全体が短い銀白色の微毛で覆われた種。写真の株は国内の実生選抜株で、さらに微毛が細かいタイプ。自生地のコロニーは非常に小さく、カソーガ川の近くの限られた場所のみ。

Haworthia salina IB13721
Uitkomst, N of Swatkops River

サリナ ★★★☆

東ケープ州・ポートエリザベス近郊

直径4～5cm。以前はふっくらとした葉が特徴のクーペリーに含まれていたが、現在この自生地の種はサリナとも呼ばれる。産毛のないベヌスタのような姿で、クーペリーとベヌスタの中間種とも考えられる。

Haworthia meari Howisons poort

メアリ ★☆☆☆☆
グレアムズタウン南西・ハウィソンズポート近郊

1株4〜5cm。葉は厚くて短く、縁に斑紋が入り、全体にむっちりとして美しい小型種。子株ができやすく大群生になる。ハウィソンズポート近郊が自生地。

Haworthia emeralda
MBB6925 Kok-se-pad, N of Kirkwood

エメラルダ ★★☆☆☆

ポートエリザベス北・カークウッド

直径7〜8cm。つやのあるピカピカな質感。エメラルドグリーンで、葉先の窓が美しい。川沿いの岩場に自生しており、水を比較的好むことがわかる。クーペリーと似た環境に自生している。以前はシンビフォルミスに含まれていた。

Haworthia cooperi var. *leightonii* JDV95/105 Cornfields

レイトニー ★★☆☆☆

ポートエリザベス北西・コーンフィールズファーム近郊

1株の直径4〜5cm。葉がとがり、寒い時期は赤く染まる。葉先にある透明の格子模様が美しい種。東ケープ州コーンフィールズが自生地。最近はルミニスとも呼ばれている。

Haworthia umbraticola IB8531 Abrahamskoot

ウンブラティコーラ ★☆☆☆☆

グレアムズタウン北・フォートボーフォート近郊

直径5〜6cm。丸みのある柔らかい葉が密に広がる。自生地により小型から中型と大きさに差がある。生育が早く育てやすい種の一つ。写真の株は窓が丸みを帯びコンパクトにまとまるかわいいタイプ。

H.magnifica var. *magnifica* MBB6651 S Riversdale

マグニフィカ ★★★☆☆

オウツフルン南西・モーセルベイ西

深緑色から紫黒がかった直径6〜8cm程度の小型のロゼットを形成する。自生地はツルギダ、マライシーと非常に近い地域。生育地では地面と同じ高さに育ち、隠れるように自生している。写真の個体は特に漆黒の肌が美しい。

ベイエリー

Haworthia bayeri var. bayeri

★★★☆☆

西ケープ州・オウツフルン近郊からユニオンデール

透明感のある窓に、網目模様や木の葉模様が現れる。昔はコレクタと呼ばれていた。直径10cmを超えるものも。写真は「黒王」と呼ばれる選抜個体で、濃緑肌で葉先は丸い。園芸品種の親株として非常によく使われている種。

Haworthia splendens

スプレンデンス ★★★★☆

オウツフルン南西・アルバーチニアの西

窓の模様はブラウンからブロンズローズ、シルバーと多様。ホワイトローズの色合いになる株もある人気種。生育は非常に遅く、子株ができにくい単頭性で直径8cm程度になることが多い。低木や岩の陰、草に覆われた場所に自生している。

Haworthia mirabilis var. badia

バディア ★★★★☆

スウェレンダム南西・ネーピア

透明感と張りがある窓が美しい種。直径7〜8cm。生育スピードは遅い。厚い三角の葉が特徴でやや強い光線の下では季節によって栗色に輝く。自生地では低いフィンボス(灌木地帯)や草木の株元で見つけることができる。強い光は好まない。

白い窓のタイプや赤みを帯びる斑点が入るタイプも。

ピクタ
Haworthia picta

★★★★☆

西ケープ州・オウツフルン

直径6〜10cm。最もバラエティ豊かな実生株が作出される種の一つ。葉やロゼットの形は個体差が大きい。窓の斑点模様は白、緑、茶、赤、ピンクまであり宝石のよう。写真の株は黒いラインが特に美しい。

Haworthia pygmaea

ピグマエア ★★★☆☆

オウツフルン南・モーセルベイ付近

直径4〜10cmの扁平な種。葉の表面は細かい突起でザラザラしており、淡い縦線がある。葉先は丸い三角形。自生地は平坦な草地または低い斜面で、通常は草や石の間に隠れている。

Haworthia comptoniana

コンプトニアーナ ★★☆☆☆

オウツフルン東・カンマナシーダム近く

大きく厚い葉は明るい緑色。平らでなめらかな窓には白くにじんだ網目模様がある。直径6〜12cmくらいまでの野生種は非常に貴重。写真は日本での改良種。輝きのある窓に白線網目が美しい選抜株「萩原コンプト」。

17

Haworthia bolusii RIB0086 Graaff-Reinet

ボルシー ★★★★☆
ポートエリザベス北・グラーフ=ライネット

葉の鋸歯が長いレース系の種。直径4〜8cm。成長すると外葉の葉先が少し枯れて卵形のシルエットに。葉の縁にたくさんの細かい鋸歯があり、株を覆うほど。自生地ではブッシュの中の背の低い下草の間で生育する。涼しい場所を好む。

Haworthia semiviva Beaufort West

セミビバ ★★★★☆
西ケープ州から北ケープ州まで幅広い

直径5〜6cmのロゼット型に育つ。葉先は細く湾曲しており、先端は常に茶色く枯れ込む。自生地では枯れ葉の層や石のすき間などで生育。栽培はやや難しい。水やりは春と秋はしっかりと、真夏は株の中央に水をためないようにすると調子よく育つ。

Haworthia bolusii var. *blackbeardiana* JDV92/23 Whittlesea

ブラックベルディアナ ★★★☆☆
イーストロンドン北・クイーンズタウン近郊

直径15cmまで育つ。透明感のある青緑色の葉が美しい種。写真の株は、葉の鋸歯が少なく透明感が強い。この株はクーペリーの産地と近いホイットシー近辺産。鋸歯のないタイプはスペックシーとも呼ばれている。

Haworthia arachnoidea var. *scabrispina*

ギガス ★★★☆☆
オウツフルン北西・ラングズバーグ

日本ではギガスと呼ばれているが、スカブリスピナと同種。直径8〜12cmになりレース系のなかでは比較的大型。年数を重ねると鋸歯が茶色くなる傾向。南向きの斜面の茂みや岩の上に露出して自生している。アラクノイデア系の変種。

ヘルバセア
★☆☆☆☆
西ケープ州・ウースター北西側など

Haworthia herbacea

直径3〜8cm弱のロゼット型の種。繁殖力旺盛。コレクション性が高い。自生地によって変異が大きく、ルテオローザも同種と考えられる。花は特徴的でベージュからピンクで大きめ。緑のブッシュの岩陰に潜って自生。

Haworthia arachnoidea var. setata
GM494 SW of Ladismith

セタータ
★★★☆☆
西ケープ州・オウツフルン近郊など

直径3〜10cm。繊細な鋸歯にスリット状の窓。休眠期にはロゼットが閉じる。自生地によって変異が大きく、別種との中間種も多い。ブッシュの岩陰や低木の根元に自生。生育期にはコケに覆われていることも。半日陰が好きな種。

Haworthia reticulata var. hurlingii GM407 sw of Robertson

フリンギー
★★☆☆☆
ウースター南東・ロバートソン

1株直径3cm前後の小型種。コンパクトな群生になる。窓はスポット状で、鋸歯のないとがった三角の葉が特徴。自生地は非常に限られており、川の近くにある小高い丘の斜面に生えた低木のブッシュの根元や岩のすき間に自生している。

鬼岩城

大型のM字型窓のマグニフィカ。葉と葉が密に寄り添い窓も透明感が深く美しい。

Haworthia truncata

玉扇(ぎょくせん) ★★★☆☆

オウツフルン近郊・ラディスミスからデラストまで

直径5〜12cm。肉厚の葉は側面から見ると扇形。水平に切断されたかのような葉先の上面に窓を形成する。窓の形や窓の中の模様が非常にバラエティ豊か。コンゲスタ型、クラサ型、マグニフィカ型、テヌイス型の4つの基本型に加え、型ができないものも複数ある。愛好家によって長く栽培され、日本で独自の発展を遂げた。

福娘

マグニフィカ型の窓に白雲が美しい種類。ブルー系の凸窓。

鶴宝(かくほう)

広重玉扇と歌麿玉扇の交配選抜品種。白線と緑線が入り混じる銘品。

スーパーコンゲスタ

窓が大きく厚みがあるコンゲスタ型。白い竜紋が美しい。生育は非常に遅い。

センチュリー

蜃気楼とミレニアムの交配種。MS系の実生選抜株。窓が大きく、にじむ白線が多様。

Haworthia maughanii

万象　★★★★★

オウツフルン西・カリッツドープ

直径5〜10cm。玉扇の自生地の一部で見られる。らせん状の葉は窓にさまざまな模様（葉脈）をもつ。自生地では涼しい日陰の斜面で育つ。地面に埋もれ、窓の先端だけが露出しているが、日本では葉も地上に出すとよい。自生地の株は窓も小さく、白線もない。日本の園芸種は見違えるほど進化。

紫レンズ

窓に模様のない無紋系の代表種。凸窓が美しい種。

オーロラ

日本を代表する種。窓は標準的な大きさで放射状に繊細な白線模様が入る。

TM10

玉扇、万象の有名な愛好家塚原氏の実生から選抜。大窓と白線美が特徴。

Haworthia 'Emerald LED'

エメラルドLED ★★☆☆

交配種（作出国：中国）

直径7〜10cm。親株は不明。インローブラ系かセミビバ系の交配種といわれている。葉先が透き通った窓になっていて透明感が強い。蛍光グリーンの葉がきれい。比較的柔らかい日ざしを好む。半休眠の冬や真夏は蕾のように丸みを帯びる。

Haworthia 'Hakuteijyo'

白帝城 ★★★☆☆

交配種（作出国：日本）

直径10cm程度の美品種。半透明なオブツーサ系（P.12参照）の窓にウイミー系の白いぶつぶつの結節が多数つく。肌色は万象系に近い。交配親は定かではないが毛蟹（P.23参照）などのウイミー系が使われているのではと思われる。

Haworthia 'Mirrorball'

ミラーボール ★★☆☆

交配種（作出国：日本）

オブツーサ系（P.12参照）の交配種。直径5〜7cm。ミラーボールの光の輝きを思わせる小さなプツプツが特徴的。葉の一つ一つに窓がある。ネーミングと姿のマッチングにより2005年ごろ一世を風靡した人気品種。

Haworthia 'Akan-Ko'

阿寒湖　★★★☆☆

交配種（作出国：日本）

直径15cm弱に達する超巨大コンプトコレクタ。透明な大窓はムチムチに盛り上がり、ヌメッとしたようなつやを放つ。模様は薄いがコンプトニアーナの特徴である独特な網目模様がうっすら入る。

Haworthia 'Aboukyu'

亜房宮　★★★☆☆

交配種（作出国：日本）

阿寒湖同様、直径15cm弱に達する超巨大コンプトコレクタ。透明でぬれているような質感でふっくらとした大型の透明な窓が凸型に盛り上がる。非常に大柄のコンプト模様の白線が美しい。生育は早い。

Haworthia 'Princess Dress'

プリンセスドレス　★★☆☆☆

交配種（作出国：日本）

直径10〜13cm弱と大型になる。葉ざしが容易にできるので広く普及しているが、レース系の透明な窓に裏窓、鋸歯と葉は類を見ない美しさ。ボルシーとディシピエンシスの交配種。

Haworthia 'Kegani'

毛蟹　★★☆☆☆

交配種（作出国：日本）

海外でも'Kegani'の名で知られている有名種。古い品種だがハオルチアでは珍しい茶色の肌。窓にはウイミー系の細かいとがった突起がある。直径4〜5cmくらいで子株ができる。交配親は玉扇系ともいわれているが定かではない。

Haworthia

軟葉系 | 希少種

軟葉系のハオルチアのなかで、まだあまり普及していない希少な種類を紹介します。

Haworthia cooperi var. *dielsiana*
GM316 Eastpoort, N. of Cookhouse

デルシアーナ ★★★☆☆
ポートエリザベス北・サマセットイースト

直径は5cmから12cm近くに達することも。窓の先までグリーンの葉脈があり先端部は透明感が強く丸みを帯びる。写真の株は同変種では最大級。平らな草地や低斜面の石のすき間、土の中から窓だけ出して自生している。

Haworthia cooperi var. *davidii*
IBO6970 Payne's Hill

ダヴィディ ★★★★☆

イーストロンドン近郊・チャルムナ川

直径5〜7cmと小型の種。窓は光に透かすと青緑に輝き美しい。葉は細長く、葉脈はわずかに赤みがかる。子株はできにくく、分頭することが多い。レイトニーとクーペリーの自生地に挟まれたブッシュの多い地域にし自生していて、岩のすき間に見られる。

Haworthia cooperi var. *gordoniana* MBB6553 Zuurbron

ゴルドニアナ ★★★★★

ポートエリザベス西・ハンキー近郊

栽培株でも7cmほどの小型種。球形のロゼット。生育は遅い。葉は緑の葉脈があり無数の細かい鋸歯が縁に並んでいる。自生地ではブッシュや岩陰に隠れて生育し、茂みの枯れ葉に覆われていたり、地面に半分株を潜らせている。

Haworthia odetteae

オデッテアエ ★★★★☆

ポートエリザベス北西・ジャンセンビル東

直径は3〜7cmの種。成長点より分頭して群生する。長めの鋸歯が密集し、モフモフ感が美しい。自生地ではユーフォルビア・ヤンセンビレンシスの株元に共存して生えている。茂みの下や岩の割れ目でも群生している。日陰を好む。

Haworthia lockwoodii

ロックウッディ ★★★★★

オウツフルン北西・ラングズバーグ

葉先が枯れ込むと玉ねぎのような姿に。直径最大10cm程度。生育は遅い。夏は葉先が枯れることで、蒸散を防ぐ進化を遂げている。蒸れに弱いが乾かしすぎると枯れるおそれのある種。写真の株に葉が長めのタイプでまだ若く、枯れ込んでいない。

Haworthia globifera MBB6762 Touwsberg, TL

グロビフェラ　★★★★☆

西ケープ州・スウェレンダム北

直径3〜4cm。窓も毛もない。つやのある堅い葉が内側に湾曲し、葉先まで格子模様が薄く入る。球状に群生し、冬は淡い黄色に、夏は赤く色づく。北向きの斜面で、夏は温度が上がる場所に自生。ブッシュの株元で生育する。比較的日ざしを好む種。

Haworthia pubescens sanberg hills

プベッセンス　★★★★☆

西ケープ州・ウースターの南東

直径最大3cmほど。湾曲した濃いグリーンからグリーングレーの葉が微毛に覆われた珍しい種。自生地は石英のある丘陵で岩のすき間や岩陰など。日なたでは露出した状態の株は見られない。プベスケンスの名でも流通している。

Haworthia cummingii IB12447 Trefu, SES of Committees Drift

カミンギー　★★★★☆

東ケープ州・ポートエリザベス東

直径5〜7cm。シルバーグリーンの葉で窓が大きい。透明感の強い葉から細めの葉まで幅がある。葉の縁や側面に透明なガラス質のノギが並んでいる。直径は8cmくらいまで。分頭により群生していく種類。

Haworthia springbokvlakensis
RIB0515 Springbokvlakte, Steytlerville

スプリングボクブラケンシス ★★★★★

アピントン南西・スプリングボクブラクタ農場周辺

直径最大6cm程度。1～2cm幅の丸い葉は表面が盛り上がり、白線、緑線、茶色い線などの葉脈が入る。生育はきわめて遅く大きくならない。自生地では小石混じりの土壌に埋もれて、葉の先端だけが地上で確認できる。

Haworthia groenewaldii

グロエネワルディ ★★★★☆

西ケープ州・スウェレンダム近辺

直径4～8cm。小型種だが小指から親指の爪ぐらいまで窓の大きさはさまざま。通常丸い窓に縦に白線が入る。白い結節がまばらにつくものから、窓が真っ白になる株まで存在。近年新種記載された種。低木の根元や、日陰の草むらに自生。

Haworthia enigma JDV92/97 NW.Riversdale

エニグマ ★★★☆☆

オウツフルン南西・リバーズデールの北西

直径4～10cm程度。むっちりした三角の肉厚葉が特徴。窓はマットな感じが多く、白や茶色の線状模様が入る。季節により赤褐色に。写真の株は窓に多数の細かい白緑結節がついた特異個体。背の低い草が茂った小石の多い斜面に自生。

Haworthia schuldtiana JDV87/208 South Of Robertson

シュルドティアナ ★★★☆☆

西ケープ州・ウースターからロバートソンまで

直径4～6cm。非常に小型で生育も遅い。濃い緑色の堅めの直立葉には葉裏に細かい気泡のような美しいスポット模様が無数にある。平地から斜面、石の陰やブッシュの株元に自生。マライシーに統合すべきという意見もある。

Haworthia 'Green Phantom'

グリーンファントム ★★★☆☆

交配種（作出国：日本）

直径10cm程度。ガラスコンプトとベイエリーの交配種。非常に澄んだ透明つや窓。ベイエリーに近い型をしており、窓に入る葉脈はくっきりした白線でベイエリー模様。ガラス質の窓をもつ種のなかで特に魅力的な株。兄弟株にムーンストーンがある。

Haworthia 'Gekkou kamen'

月光仮面 ★★☆☆☆

交配種（作出国：日本）

ピグマエアとベイエリーかコンプトニアーナの交配種と推測される。直径10cm、窓幅3cm程度で抜群の完成度。特徴的な大窓は透明部分が盛り上がり、窓で裏窓の境界の部分から光が入ると、より透明感が増す。窓にはベイエリー模様に近い白線が入る。

Haworthia 'Eden'

エデン ★★★☆☆

交配種（作出国：日本）

直径8cmくらい。ピクタ(P.17参照)とブルーダイヤモンドの交配種。葉が丸く窓が白濁する白緑ピクタ型の容姿と、窓のブルーダイヤモンドの黒い網目模様が、うまく融合している種。

Haworthia 'Harlem Nocturne'

ハーレム ノクターン ★★★☆☆

交配種（作出国：日本）

チョコバニラとアイスキャンディの交配種。直径10cm程度のロゼット型。葉の表面につやのある白銀の模様がいっぱいに広がる。株は限りなく黒に近く真上から見るとバラのように美しい。

Haworthia 'Tangerine'

タンジェリン

★★★★☆

交配種（作出国：日本）

細雪とグロボシフローラの交配種。白緑の三角短葉がロゼット状に重なり扁平に広がる。直径10cmほど。葉裏の窓により白と緑の色素が輝くように透けて見える。グロボシフローラ交配種の優品。季節によって葉先だけオレンジ色に色づく。

Haworthia 'Snow Leopard'

スノーレパード

★★★☆☆

交配種（作出国：日本）

ブラックスポットピクタと雪うさぎの交配種。直径7cm程度だが、ドーム状に葉を重ねる。葉の表面はガラス質の粒がちりばめられ、葉裏にはスポットの窓があるので株全体が光っているよう。洗練された美しさとカッコよさをあわせもった逸品。

Haworthia 'Green Iguana'

グリーンイグアナ

★★☆☆☆

交配種（作出国：日本）

マリリンとアイスキャンディの交配種。直径10cm程度。つやつやした窓にジェラートのようなしっとりした質感のった模様が輝く三角の葉が、ドーム状に重なり合う。両親の特徴が融合され、独特な表情を生み出している。

Haworthia

硬葉系 | 普及種

葉は硬く、頑丈で、葉先がとがったものが多く、全体のシルエットがシャープな印象を与えます。種類によっては、葉の表面がゴツゴツとした質感や、ザラザラしたりした質感をもち、爬虫類の肌やゴム製のおもちゃを連想させるおもしろさがあります。生育は軟葉系よりも少し遅く、慌てずじっくりと形をつくり込みながら、シャープなフォルムを維持します。同じハオルチアの仲間ですが、近年の分子系統学に基づく研究により、従来、硬葉系と呼ばれていたほとんどの種類が、ハオルチオプシス属、トゥリスタ属に分類されています。

Haworthiopsis koelmaniorum

コエルマニオルム ★★★★☆

ヨハネスブルグ北・トランスバール

直径7〜15cm弱。扁平なロゼット型を形成する。暗褐色がかった緑色から茶色の三角葉は、表面に小さなスポット状のザラザラがある。生育は遅い。硬葉のなかで特に人気がある種。砂地に身を潜らせて葉の表面だけを地表に出して自生。

Haworthiopsis fasciata

Haworthiopsis reinwardtii
IB5650 RIB0448 Great Fish River, 7 km from River Mouth

十二の巻 'アルバ'　★★☆☆☆
オランダで生まれた選抜品種

直径10cm前後。従来の十二の巻よりもバンドと呼ばれる白い縞模様につやがあり、鮮やかで目を引く。単頭で10cmくらいになると、群生して大株になる。

レインワルディ　★★☆☆☆
東ケープ州・グレアムズタウン南

最大20cmの高さに。コアクタータと比較すると、結節がより大きい。白い斑点のある葉が密着しながら円柱状に伸び、子株が密集し、群生株となる。川沿いの植物に覆われた斜面で岩肌やブッシュの根元に自生。日の当たる岩肌に露出した個体もある。

Haworthiopsis coarctata IB15918

Haworthiopsis glauca var. *herrei*
RIB0217 E. Steytlerville

コアクタータ　★☆☆☆☆
ポートエリザベス東・グレートフィッシュリバー

直径3〜4cm。レインワルディ（写真右上）と混同されるが、結節がより小さく、葉の形状がなめらかな丸みを帯びている。円柱状に伸び、群生株となる。川沿いの岩肌やブッシュの中に自生。陰に隠れず日の当たる場所に露出した個体も目にする。

ヘレー　★★★☆☆
ポートエリザベス北西・フラートン近郊

直径2.5〜3cm。グラウカの変種で結節のあるタイプ。円柱状に伸び、群生しやすい。湾曲した、硬く、先のとがった青磁色の葉を密につける。青瞳。岩の斜面や浅い茂みの中で日光にさらされた場所に自生。

Haworthiopsis starkiana

スターキアナ ★☆☆☆☆
オウツフルン近郊・ショーマンズポート

直径8〜9cm。風車とも呼ばれる。明るい黄緑色の硬くとがった光沢のある三角葉が、らせん状にねじれながら展開する。風車のようなロゼット型。北向きの谷の急な斜面で岩のすき間に自生している。子株が出て群生しやすい。

Haworthiopsis nigra JDV92/18 Thomas Rive

ニグラ ★★★☆☆
オウツフルン北・クロイドフォンテン中心

直径2.5〜5cm。旋回しながら3方向に葉を重ねる。三角葉は緑から黒まで色にバリエーションがあり、葉の表面はザラザラと爬虫類の肌のようで渋カッコよい種。低木の株元や陰や岩の陰に自生して、株全体に土をまとって生育する。

Haworthiopsis viscosa Ganskop

ビスコーサ ★★★☆☆
東ケープ州から西ケープ州まで広く分布

直径2〜3cm。三角葉を塔のように重ねて柱状に伸びる。肌の色は自生地により黄緑色から暗色色まで。生育は遅いが、群生すると見ごたえがある。丈夫で株分けなどが容易。茂みの中の日陰、山の岩肌などに自生していたり、太陽の下で葉先が赤くなった株も。

Haworthiopsis limifolia var. *stolonifera*

瑠璃殿 ★☆☆☆☆
西ケープ州・ケープタウン近郊、エスワティニなど

直径10〜15cm。古くから日本に導入されたため、広く普及した。濃いグリーンの葉はやすりのような細かい縞模様が入る。らせん階段のように回転しながら葉が展開する。

Haworthiopsis tessellata
Beaufort west town area

竜鱗（りゅうりん） ★☆☆☆

南アフリカ中・南部、ナミビアなど非常に広範囲

直径5〜7cm。子株はランナーでふやし群生する。適応性が高く分布域が広い。日本では日ざしが柔らかいほうが葉先が枯れ込まずきれいに育つ。日ざしが強い場合、一番早く赤くなるハオルチアのため、日ざしの強弱を知るバロメータになる。

Haworthiopsis scabra Oudtshoorn

スカブラ ★★★☆☆

オウツフルン西・ラディスミスなど

緑から黒に近い葉色。直径3〜15cmまでサイズに幅がある。葉も曲がったり、直立したり。葉の模様（瑞）は、肌と同じ色から白っぽいものまで。模様がないものもあり、さまざま。緑の多い場所のブッシュの下や石のすき間に自生。

Haworthiopsis longiana

ロンギアナ ★★☆☆

ポートエリザベス西・ハンキー近郊

直径5〜7cm。葉の長さが20cmを超える株も。模様はないが、まれに細かい瑞がある。子株がついて繁殖する。生育は遅い。夏でも水やりが必要。耐寒性は非常に強く氷点下にも耐える。標高50〜200mの地域の低木と草の間にまぎれて自生。

Tulista maxima

ドーナツ冬の星座　★★★★☆

西ケープ州・スウェレンダム近郊

直径15cm程度のロゼット型。肉厚でとがった葉が放射状に広がり、大小さまざまな白いドーナツ形の結節が横に並び縞を形成。まるでアロエのような姿で美しい。日本では実生でさまざまなタイプが作出されている。

Tulista pumila

プミラ　★★★★☆

西ケープ州・ケープタウン近郊

最大直径15cm程度のロゼット型。長命でうまく栽培すれば30年程度生きる。耐寒性はやや強い。乾燥した夏の直射日光の下では、葉が内側に巻き葉先が赤くなる。降雨地域に自生。ブッシュや岩の間に露出し、比較的日光を好む。

Tulista kingiana

キンギアーナ　★★★★☆

オウツフルン南西・ヘルベールツデイル

直径10〜15cm。つやのある硬い葉に真珠のような白い結節がちりばめられて美しい。一部結節が連なり縞模様になるタイプや結節がないタイプも。乾燥した斜面で砂岩などにまぎれて自生。ブッシュにも自生するが比較的日光を好む。生育は遅く長寿。

Tulista marginata

瑞鶴（ずいかく）　★★★★☆

オウツフルン南西・リバーズデール近郊

直径最大20cm。葉は淡い緑で硬く葉先が鋭い。キールに白い縁取りや白点が混じる株がある。日本では白点のあるタイプを星瑞鶴と呼ぶ。自生地では石の多い土壌、草地の空間、背の低い植物がまばらに広がる日光を遮るものがない場所に自生する。

錦帯橋

★★☆☆☆

交配種（作出国：日本）

ベノーサとコエルマニオルムの交配種。直径10cm程度。三角形のマットな緑の葉がロゼット型に。窓の白点と緑線で葉の表面に凹凸をつくる。さらに赤みを帯びたグレーの結節が盛り上がり美しい。交配親としても使われさらに進化を続けている。

Haworthiopsis 'Kintaikyo'

鬼瓦

★★☆☆☆

交配種（作出国：日本）

直径7〜8cm。ニグラ×コエルマニオルム ニグラより大型。ニグラに似た大型な葉。親株になると葉の上部の模様が赤く色づくのが美しい。大きくなると葉が旋回して、塔のように葉を重ねていく。

Haworthiopsis 'Onigawara'

Haworthia

硬葉系 | 希少種

硬葉系と呼ばれるハオルチアのなかで、まだあまり普及していない種類を紹介します。

Haworthiopsis fasciata 'Super Zebra'

スーパーゼブラ ★★★☆☆

日本にて出現した芽変わりの選抜個体

直径12cm。十二の巻ワイドバンドのなかから出現した芽変わりの特異個体。横縞模様と霜降り模様の結節の融合がきれい。葉は三角状披針形で平たくて細長く、先がとがっていて基部がやや広い形で直立する。

ラブラニー

Haworthiopsis sordida var. *lavranii*

★★★★☆

ポートエリザベス北西・ステイトラービル近郊

ソルディダ（P.38参照）の変種。ソルディダより葉は短く長さ3〜5cm程度で幅広。色は濃い緑色から黒で、肌はなめらかなものが多い。葉ざしはできず、単頭性で種子による繁殖のみ可能。写真の株は日本の実生で葉が太くて短いダルマタイプの選抜品。茂みや石の間に隠れて自生。

ミニマ

Tulista minima Swellendam

★★★☆☆

西ケープ州・スウェレンダム近郊

直径3〜10cm。写真の株は15cmを超え、自生地の特性で特に大型の株。硬く肉厚な丸みを帯びた葉は青緑色で先端がとがっている。丸く白い結節が密にちらばり、全体を覆っている。石の多い土壌や草地の開けた場所に自生。比較的日の当たる場所に露出している。

ソルディダ
★★★★☆

Haworthiopsis sordida

ポートエリザベス北西・
ステイトラービルまで

直径5〜10cm。濃い緑色から黒肌が魅力の種。葉の太さ・長さ・表面の色や質感は自生地によりさまざま。単頭で仔吹きしない。生育は硬葉のなかでも特に遅い。写真の株は2006年に日本で実生した株。緑の多い山の斜面に広がるブッシュの下や石のすき間に自生。

モーリシアエ
★★★☆☆

Haworthiopsis scabra var. morrisiae

西ケープ州・
オウツフルン近郊・
ショーマンズポート

直径5〜10cm。スカブラでも暗緑色の種類とされるが、黄緑から暗緑までさまざま。葉も結節のあるものやないもの、旋回するものやしないものまである。写真の株は大型で葉の旋回がゆるやか。交配種の可能性も。茂みや石の間に自生。急な斜面を好む。

スミティー

★★★★☆

オウツフルン近郊・ショーマンズポート

Haworthiopsis smitii (syn. H.scabra var. morrisiae Smitii)

直径7〜10cm。手裏剣のような鋭く硬い葉が旋回してロゼットを形成。黄緑から濃いグリーンまであり、透明な結節がある。スカブラ、スターキアナ、ラテガニアと似た特徴をもっているためそれぞれの中間型といわれる。茂みや石の間に隠れており、急な斜面を好む。

銀帯橋

★★★★☆

交配種（作出国：日本）

Haworthia 'Gintaikyo'

ベノーサとコエルマニオルムの交配から生まれた選抜株。直径8〜9cm。錦帯橋と親が同じ。錦帯橋よりも小型で肉厚のダルマ葉で上品。窓の結節が白銀で窓表面が、赤茶色に染まる美しい名品。

Haworthia

斑入り種

葉などに本来の色と異なる色が入り、モザイク状になることを「斑（ふ）入り」と呼びます。斑の入った個体で特に観賞価値が高く美しいものは、古くから園芸愛好家の注目を集めています。

Haworthia
Midorifutosen Sankakumado Obutusanishiki

緑太線三角窓オブツーサ錦 ★★★☆☆

交配種（作出国：日本）

直径5cm。鮮明斑オブツーサ錦として知られていた株。地色と筆で塗ったような斑の色とのバランスがよい。通常黄色の斑が多く、比較的繁殖力も高いため数多く出回っている。写真の株は糊斑（葉の表面に糊がかかったようにのる斑）になっており、クリーム色の斑に覆われたタイプで珍しい。

クーペリー錦
★★★☆☆
Haworthia cooperi variegated

交配種（作出国：日本）

直径3〜8cm。ブラックオブツーサ錦の交配種。丸みを帯びた葉の先端の透明窓にきれいな斑が入る。季節による温度差や日ざしの変化により斑色がオレンジ色から赤みを帯びる。

Haworthia cooperi var. *pilifera* variegated

ピリフェラ錦
★☆☆☆☆

原種斑入り種

直径4〜8cm。白斑ピリフェラ錦として昔から親しまれ流通している種。ミルキーという流通名もある。名前のとおり、真っ白なノリ斑が美しい種で繁殖力も旺盛。子株は斑がほぼ安定して出る。透明感のあるホワイトが涼しさを感じさせる。

Haworthia turgida variegated

氷砂糖
★☆☆☆☆

原種斑入り種

玉緑（*H. turgida*）の斑入り。小型で直径3〜4cm程度。子株がよくできて、群生する。斑色は黄色からクリーム色、白色まである。白斑の発生はまれ。真っ白になったり、緑色になったりと斑がバランスよく入った極上斑の株は少ない。

Haworthia 'Miho'

美穂 ★★★☆☆

交配種（作出国：日本）

直径8〜9cm。万象の交配種から出現した鮮明な総散り斑（散らしたように細かく入り交じっている斑）の美しい園芸品種。子株もまれに出る。斑は比較的安定している。

Haworthia cymbiformis var. *planifolia* variegated

プラニフォリア錦 ★☆☆☆☆

原種斑入り種

直径8cm程度。幅広で丸葉のタイプ。地色の緑と斑のコントラストが鮮やかで美しい。シンビフォルミス系のなかでは特に美しく目を引く。群生すると花束のようになる。繁殖力は旺盛で数多く出回っているが、きれいに斑が入る株は少ない。

Haworthia dekenahii variegated

デケナヒー錦 白琥珀斑　★★★★☆

原種斑入り種

直径8cm程度。昔からデケナヒーと呼ばれている種の斑入り種。白琥珀斑と称されるとおり斑色が非常に美しい逸品。子株もまれに出るが、緑か真っ白の子株しか出にくく繁殖しづらいため、流通量は少ない。根ざしでふやすと斑が安定する。

Haworthia 'Seikonishiki'

静鼓錦　★★★☆☆

交配種（作出国：日本）

直径8～9cm。玉扇の交配種に出現した斑入り。黄斑が通常だが写真の株のように美しい白琥珀斑（白みがかった琥珀色の斑）がまれに出る。子株もできるものの、斑が安定しないため、白琥珀斑をふやしたい場合は根ざしでのみ繁殖が可能。

Haworthia bayeri variegated

ベイエリー錦　★★★☆☆

原種斑入り種

ベイエリーの斑入り種。直径7～10cm。葉の表と裏にきれいに縞模様の斑が入るタイプから琥珀や覆輪タイプまでバリエーションがある。季節により淡い紅色に染まる姿も魅力的。写真の株は特に窓の大きいタイプ。

Haworthia springbokvlakensis hyb.

スプリングボクブラケンシス交配錦　★★★★☆

交配種（作出国：日本）

直径6～7cm。スプリング系の交配種から出現した斑入り。窓のつやと網目模様が葉裏に斑があることで、窓が輝き、ガラス工芸品のようで美しい。

Haworthia truncate variegated

玉扇錦 ★★★☆☆

原種斑入り種

玉扇の斑入り種。直径8〜12cm。きれいに縦縞模様の斑が入るタイプから琥珀色の斑や葉の縁に斑が入る覆輪タイプまでバリエーションがある。写真の株は子株の中に発生したもの。

Haworthia maughanii varigated

万象錦 ★★★★★

原種斑入り種

万象の斑入り種。直径6〜10cm。バランスよく縞模様の斑が入るタイプから琥珀などがある。すべての葉に細く模様が入る株が観賞価値が高く優良とされる。写真の株は白琥珀斑（P.43参照）。小型だが葉色は上品で美しい。

Haworthiopsis fasciata variegated
十二の光 ★★★☆☆
原種斑入り種

直径8cm程度。硬葉系のハオルチアの定番、十二の巻の斑入り種。きれいな白い結節のゼブラ模様の下にさらに黄色やクリーム色の縦縞の斑が光り輝く。

Haworthiopsis reinwardtii variegated
十二の爪錦 ★★★☆☆
原種斑入り種

直径3〜4cm。和名で十二の爪と呼ばれるレインワルディ(P.31参照)の1タイプで、近年出回るようになった。子株繁殖中に突然現れた斑入りの個体が、ふやされたもの。

Haworthiopsis coarctata variegated
九輪塔錦（くりんとうにしき） ★★☆☆☆
原種斑入り種

直径3〜4cm。*Haworthiopsis coarctata*の1タイプである九輪塔の斑入り種。黄色、クリーム色の斑から墨斑まで斑のバリエーションがある。

Haworthiopsis limifolia varigated
雄姿城錦 白斑（ゆうしじょうにしき しろふ） ★★★★☆
原種斑入り種

雄姿城は中苗ぐらいから特徴的な五稜の姿がはっきりしてきて、草丈が高くなり始める。サイズは最大でも直径10〜12cm程度。瑠璃殿に比べると葉が少し立ち気味になる。白斑は白色の斑のこと。

ハオルチアの年間の作業・管理暦

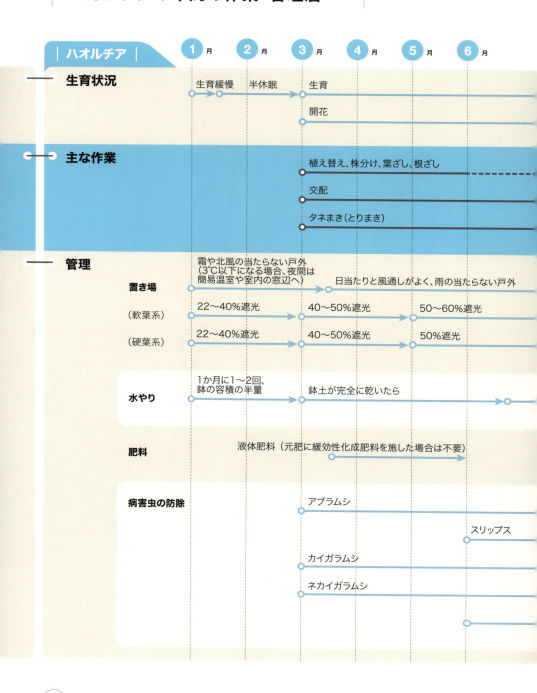

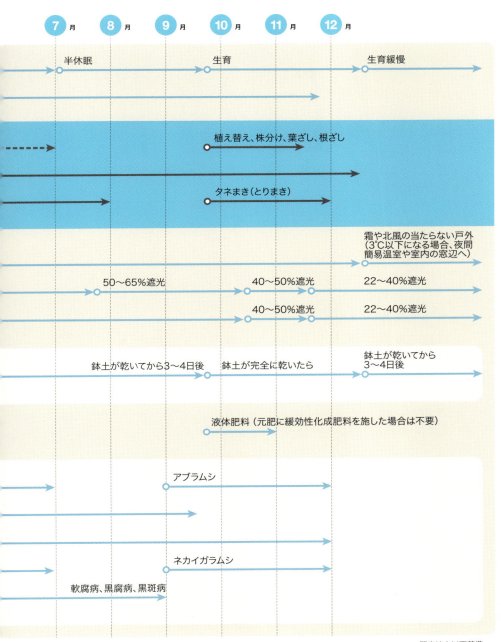

栽培を始める前に

人気品種は園芸店でも。希少種は専門店で

　一般的な人気品種は大型の園芸店などでも入手が可能で、値段も手ごろです。原種や交配種などの希少種は、多肉植物の専門店での購入をおすすめします。インターネットやカタログでも購入できますが、できれば店頭で実際に株を見ながら選ぶと安心です。また、展示会や趣味家同士の株の交換会でも入手できます。

色つやのよい締まった株を選ぶ

　基本的に葉が長く伸びすぎず、全体にギュッと締まった姿の株を選ぶとよいでしょう。よい栽培環境で育てられた株は葉の色つやもよく、ふっくらとして充実しています。また、地際の下葉が枯れたり、腐ったりしているものは、根が傷んでいる可能性が高いので、避けます。

株を入手したら株を慣らす

　96～99ページを参考に、栽培環境を整えておきます。入手後は新しい環境に株を慣らせることが大切です。

通常2枚重ねのティッシュペーパーを1枚にして、株の上にかぶせて、霧吹きで水をかけて、風で飛ばないようにします。1週間程度たったら、置き場の日ざしに慣れるので、ティッシュを取り除きます。

　置き場はあまり頻繁に変えないことも大切です。ハオルチアは栽培環境のよしあしが比較的早く株の状態に現れてきます。特に葉の状態を観察しながら、栽培環境を調整していくとよいでしょう。

培養土に注意

　入手した株が植えられている用土はさまざまです。株数がふえてくると、同じような水やりをしているつもりでも、用土の種類によって、乾くのが早い、遅いの差が出てきて、管理に気を遣います。入手後、作業の適期を待って、早めに自分が使い慣れた用土で植え替えましょう。

株の上にティッシュペーパーをかけて、霧吹きで湿らせる。日ざしを弱め、環境の変化をやわらげる。

chapter 3

１２か月栽培ナビ

毎月の手入れと
管理の方法を紹介します。
栽培環境をしっかり整えて、
自慢できるハオルチアに
育てましょう。

January **1月**

Haworthia

1月のハオルチア

最低気温がいちだんと低くなり、生育緩慢な状態から、水をごくわずかしか吸わない半休眠の状態になります。窓や葉にはまだつやがありますが、寒い場所に置いているものはつやが徐々に失われ、葉もやせてきます。

Haworthia 'Whisper Not' × *H.* 'Glass Compto' seedling

ウィスパーノットとガラスコンプトの交配種

つやと透明感がある窓が特徴のウィスパーノットと窓全体がガラスのように透けるガラスコンプトの交配種。ふっくらとした葉の先端の透き通る窓に、緑色の線に白色が混じったコンプト模様がきれいに入る。

 今月の手入れ

昼の気温が下がるにつれて生育緩慢な状態から半休眠の状態になります。この時期の植え替え、株分けなどの作業はすべて避けましょう。

column

最低温度5℃以上できれいな姿を保つ

　ハオルチア属の自生地は最低気温2～3℃まで下がる場所があり、ハオルチアはこの温度までは寒さに耐えられます。日本では日光がよく当たり、寒風が避けられる軒下などの戸外で最低温度3℃以上を必ず保つようにしましょう。ただし、きれいな姿を保つには最低温度5℃以上を目安にします。

　軟葉系のクーペリーやベイエリー、コンプトニアーナなどのみずみずしい透明な窓がある種類は、最低気温0℃以下になると凍傷を起こして、葉の窓の内部が白濁したり、内部に気泡ができたりするので注意します。

室内に取り込んで、日光が弱かったり、長く当たらなかったりする場合は、LED照明を使って補うとよい。

Care Plan

今月の栽培環境・管理

1月 January

置き場

●**日中は雨よけのある霜や冷たい北風の当たらない戸外**／12月に引き続き、日中は雨よけのある霜や冷たい北風の当たらない戸外で育てます。夜間は最低気温3℃を切る場合は、簡易温室や室内の窓辺に移動させて管理します。できるだけ長時間、日光に当てますが、直射日光は避けて、遮光ネットなどで遮光率22〜40％を維持します。

冬の間に栽培環境の温度を高めに保っても、日光が十分に当たらず、風通しが悪いと葉は徒長します。無理に室内に入れないで、戸外で最低温度3〜5℃以上を保ち、日光によく当てたほうがきれいな形に育ちます。

簡易温室や一般温室で栽培する場合は、サーキュレーターで空気を常に動かします。よく晴れた日の昼間は温室内が高温になるのでビニールや窓を開けて換気をし、夕方から日没後は風が入らないようにしっかりと温室を閉じて、保温します。

室内で栽培する場合は、温風が株に直接当たらなければ、エアコンなどの暖房装置をつけてもかまいません。夜は最低温度3〜5℃以上で低めに保ち、株がゆるやかに休眠に入れるようにします。実生の小苗（1年以内）は最低温度5℃以上に保ったほうが安全です。

水やり

●**月に1〜2回、量も控えめに**／1月は生育緩慢期から半休眠期で、わずかですが、水を吸い上げます。鉢土の表面が乾き、鉢ごと持ち上げて軽く、完全に乾いてから、さらに数日の間隔をあけて、水を与えます。1回の水の量は鉢の容積の半分程度がよいでしょう。

その年の気候や置き場の温度、風通しなどの条件によっても異なりますが、だいたい月に1〜2回の水やりが目安です。この時期からは少し葉がやせてきます。株はゆっくりと活動しているので、上手に株の状態を維持できるように、水やりの間隔や量を調整するとよいでしょう。

肥料

●**施さない**／生育が緩慢な状態から半休眠の状態になる時期です。この時期は施しません。

February **2月**

Haworthia

2月のハオルチア

1月下旬〜2月上旬は1年で最も寒い時期。ハオルチアは生育をほぼ止め、半休眠期に入っています。なかにはふっくらとしていた葉がやせてくるものもあります。厳寒期はあまり手をかけず、最低気温3℃以上10℃以下の寒さを感じさせて、ゆるやかに半休眠の状態を維持し、3月からの生育期に備えます。

Haworthia schuldtiana JDV87/208 South Of Robertson

シュルドチアナ

和名「覇王城」。自生地は南アフリカ西ケープ州。小型で群生する。葉先の窓に透明感があり、強めの日ざしを当てたり、適度な寒さに当てたりして、しっかり管理すると赤銅色になる。

 今月の手入れ

半休眠期なので、植え替え、株分けなどの作業は行いません。

column
冬は株を休ませよう

ハオルチアの生育適温は15〜23℃。最低温度が10℃以上あれば、緩慢ながら生育が続き、休眠することはありません。しかし、1年の生育のリズムの関係で、冬は自然に生育緩慢になり、ゆるやかに休眠状態になります。最低温度をあまりにも高温で管理すると、株姿が乱れ、花が咲かなくなったり、逆に寒いのに早めに花が咲いたりしてしまい、リズムが乱れて春の生育期になっても成長の勢いが鈍ることがあります。

冬は5〜18℃の範囲で昼と夜の温度差を大きく取り、しっかり低温を感じさせて、株に季節の変化を伝えることが大切です。

ハオルチアの生育と温度の関係
（適切な遮光下で管理した場合）

| -3 | -2 | -1 | 0 | 1 | 2 | 3 | 4 | 5 | 6 | 7 | 8 | 9 | 10 |

枯死の危険（最低温度0℃未満）　半休眠（最低温度3〜10℃）

生育停止（最低温度0〜3℃）

Care Plan

今月の栽培環境・管理

置き場

●**日中は雨よけのある霜や冷たい北風の当たらない戸外**／1月に引き続き、日中は雨よけのある霜や冷たい北風の当たらない戸外の日の当たる場所で育てます。遮光率22〜40％の遮光ネットの下などに置き、できるだけ長時間、日光に当てます。

夜間に最低気温3℃を切る場合は、簡易温室や室内の窓辺に移動させて管理します。最低気温0℃を下回ると凍傷を起こすので、十分に注意します。暖房の効いた室内では温風が直接当たらない場所に置きます。

簡易温室や一般温室では、サーキュレーターなどで空気を常に動かします。日ざしは徐々に強くなり、2月後半には暖かい日も出てきます。日中の温室内が高温になる場合はビニールや窓を開けて蒸らさないようにし、夜は温室を閉めて最低温度3℃以上を維持します。実生1年目の小苗は最低温度5℃以上に保ったほうが安全です。

水やり

●**月に1〜2回、量も控えめに**／鉢土が完全に乾き、鉢ごと持ち上げて軽くなってから、さらに数日の間隔をあけて水を与えます。回数は置き場の条件にもよりますが、月1〜2回が目安です。1回の水やりに使う水の量は鉢の容積の3分の1〜半分程度が適当です。

水は午前中に与えます。最低気温が下がり、冷え込むときは水やりを行いません。ハオルチアは60％程度の空中湿度を好むので、鉢土や鉢の周囲を湿らせるつもりで、ハス口のついたジョウロなどでさっと水をまいて、水やり代わりにしてもかまいません。

葉がやせてくるようであれば、株の上に透明なキャップやペットボトルを半分に切ったものなどを置いて、保湿する方法もある。

肥料

●**施さない**／厳寒期は半休眠の状態にあるため、肥料は施しません。

(℃)

| 11 12 13 14 15 16 17 18 19 20 21 22 23 24 25 26 27 28 29 30 31 32 33 34 35 36 |

生育緩慢(最低温度10〜15℃)　　生育適温(15〜26℃)　　生育緩慢に(最高温度26〜35℃)

株が煮える(最高温度35℃以上。高温障害で植物の組織が壊死)

March **3月**

Haworthia

3月のハオルチア

最低気温が10℃以上の日がふえてくると、ハオルチアは生育期に入ります。冬の間、やせ気味だった葉が元のふっくらとした姿に戻り、3月下旬には目に見えて成長が始まります。種類によっては、花茎を伸ばし、開花し始めるものもあります。

Haworthia 'Dark Knight' × *H.* 'Mai'

ダークナイトと舞の交配種

ピクタ系（P.17参照）のダークナイトとライトグリーンの葉に白線が入る舞の交配種。葉は短く、先端は鈍頭で丸葉状になっている。窓には黒っぽい網目模様が入るが、葉の裏側まで透明。

今月の手入れ

●**植え替え、株分け**／春の適期です。原則として植え替えは1年に1回がよいでしょう。最適期は秋ですが、3～5月にも行えます。昨年秋に作業を行っていないものはこの時期に植え替えましょう（78ページ参照）。子株がふえたものは同時に株分けも行えます（80ページ参照）。

●**葉ざし、根ざし**／植え替え、株分けの作業時に葉ざし（56ページ参照）、根ざし（82ページ参照）が行えます。

●**交配、タネまき**／3月になって生育期に入ると、花茎が伸びて開花が始まります。開花期が合えば、交配が行えます（60ページ参照）。交配を行わない場合は、花茎は早めに切って取り除きます（62ページ参照）。交配後、2～3か月でタネは完熟します。タネまきはタネが完熟したら採取してすぐにまく「とりまき」が基本です（63ページ参照）。もし冬の間にとれたタネがあれば、まくことができます。

この病害虫に注意

アブラムシ、カイガラムシ、ネカイガラムシなど／簡易温室や室内など最低温度が高い環境で育てていると発生することがあります。植え替えを行っていない株や弱っている株には、特に発生しやすくなります。発生した場合は58ページを参照してください。

Care Plan

今月の栽培環境・管理

置き場

●**3月後半から風通しがよく、雨の当たらない戸外へ**／3月の前半は雨よけのある霜や冷たい北風の当たらない戸外で育てます。最低気温3℃を切る場合、夜間は簡易温室や室内の窓辺に移動させます。

3月後半になったら、風通しがよく、雨の当たらない戸外に置き場を固定していきます。ただし、最低気温が3℃を切るときにはそれまでと同様に簡易温室や室内の窓辺に移動させます。

注意したいのは遮光率です。3月に入ると紫外線が強くなるので、遮光ネットの種類を替えたり、2枚重ねにしたりして、遮光率を40～50％にします。この遮光率の調整が遅れると、葉が真っ赤に焼けてしまい、水を与えても吸わなくなります。気づかずに水やりを続けると、鉢内で根腐れを起こすこともあるので、注意します。また、室内で栽培を続ける場合は、レースのカーテンなどで遮光率を調整するとよいでしょう。

風通しは常によくし、必要であればサーキュレーターなどを使って、周囲の空気を大きく動かし、かき混ぜます。風通しが悪いと、徒長しやすくなります。

水やり

●**鉢土が乾いたら**／3月上旬は鉢土が完全に乾いたら、水やりを行いましょう。昼間の気温が上がると、ハオルチアは水をよく吸うようになり、葉がふっくらとし、つやが増してきます。株の変化をよく見ながら、水やりの間隔を徐々に短くし、1回の水の量もふやしていきます。3月中旬からは鉢土が完全に乾いたら、たっぷりと水を与えていきます。

肥料

必要な液体肥料を施す／生育の状態により施します。肥料が切れている様子なら、3月後半に追肥として規定倍率に薄めた液体肥料（N-P-K=6-10-5など）を施します。元肥については79ページの5を参照してください。

竜鱗（上）やオブツーサなどは、3月に強い日ざしを浴びるとほかの種類よりもいち早く葉が赤くなり始める。葉色の変化に気づいたら、風通しをよくするか遮光率を上げるとよい。

March **3月**

葉ざし

葉の根の
つけ根から
子株が育つ

適期
3月上旬〜5月下旬、9月下旬〜11月半ば

準備するもの
①2.5〜3号鉢（ここでは2鉢。必要に応じてでよい）、②葉をとる株（交配種のアマゾナイト）、③バーミキュライト細粒、④ゴロ土（鹿沼土か赤玉土の中粒、もしくは軽石）。

葉から子株をふやす

　株分け（80ページ参照）に次いで簡単なふやし方が葉ざしです。実生（タネまき）はより多く数をふやせますが、交配するので、親株とは異なる形質になります。葉ざしは葉から直接、子株をつくるので親株と形質は変わりません。

　特に軟葉系の原種や交配種は簡単に葉ざしが行えます。レース系の種類は葉の元が薄くて、子株が出る前に枯れやすいので注意しましょう。また硬葉系の原種は葉ざしが難しいですが、コエルマニオルムや瑞鶴の系統の交配種は可能です。

　葉ざしに使う葉はなるべく肉厚で大きくて充実したものを用います。葉は途中から折るのではなく、葉のつけ根に軸（根の元の部分）の一部がしっかりついて残っているものが理想です。

　さしたあと、出てきた子株が十分大きくなり、株元から根が出たら、鉢上げをして、独立した株として育てます。

step **1**
細い下葉は取り除く

株を鉢から取り出し、根鉢をくずして古い用土はすべて落とす。枯れかかった薄い葉を取り除く。

step **2**
分厚い葉をとる

みずみずしく白い充実した葉を選ぶ。引っ張らず、左右に動かすとつけ根から外れやすい。

つけ根に軸の一部がついた葉は傷みにくく、芽が出やすい（左）。途中で折れたら葉ざしは不可（中）。葉を無理にひねるとつけ根が傷む（右）。力は軽く入れる。

Care Plan

3月 — March

step 3 葉をさす

新しい鉢にゴロ土を入れたあと、鉢の縁から3〜4cm下までバーミキュライトを加える。葉のつけ根はバーミキュライトに接する程度にさし、深く埋めないこと。

鉢の縁に立てかけて軽く置くようにさす
バーミキュライトに接する程度

step 6 子株を切り離す

さした葉と子株の間にカッターの刃先を差し込んで、子株を根をつけて切り離す。

step 4 葉のつけ根が乾いてから水やり

さした直後は葉のつけ根がまだ乾いていないので、風通しをよくして、よく乾かしてから水やりを行う。遮光率50〜60%の半日陰で管理する。

step 7 子株を植えつける

根を傷めないように子株を外したら、新しい鉢に植えつける。子株はいくつも出るが、大きくなったら同様に独立させて植えつけられる。

step 5 4〜6か月で子株が育つ

1〜2か月程度で葉のつけ根から根がのび、次に芽が出る。次第に葉がふえ、4〜6か月で独立できるほどの子株に育つ。

step 8 子株を固定して完成

子株の植え方も基本の植え替えと同じ(78ページ参照)。根がまだ細く、安定しないので、U字形の針金を鉢内に差し込み、子株を上から押さえて固定する。

| その後の管理 | 基本の植え替えと同様の管理をする(79ページの8参照)。 |

57

April
4月

Haworthia

4月のハオルチア

春の生育期です。日光と風通しのバランスがよければ、葉の色つやが見違えるほどよくなり、水分を十分に吸って、葉のボリューム感が増してきます。株の中央では新葉が伸びてきます。またこの時期は花茎が伸び始めて、花が咲く種類も多くなってきます。

Haworthiopsis fasciata variegated

十二の光

十二の巻の斑入り種。十二の巻のゼブラ模様に加えて、レモンイエローの縞斑とグリーンとのコントラストが映えて美しい。昔から親しまれている人気種。

 ## 今月の手入れ

●**植え替え、株分け**／どちらも春の適期です。1年以上植え替えをしていない場合は、培養土を新しくするためにも植え替え作業を行いましょう（78ページ参照）。子株がふえて大株になったものは株分けも行えます（80ページ参照）。
●**葉ざし、根ざし**／植え替え、株分けの作業時に、葉ざし（56ページ参照）、根ざし（82ページ参照）が行えます。
●**交配、タネまき**／花茎が伸び始める株がふえ、交配できる種類の組み合わせがふえます（60ページ参照）。交配しない場合は花茎を早めに切って取り除きましょう（62ページ参照）。完熟したタネは「とりまき」にします（63ページ参照）。

 ## この病害虫に注意

アブラムシなど／株をよく観察し、見つけたら捕殺します。置き場に黄色い粘着捕虫シートを設置しておくと防除に役立ちます。

カイガラムシ、ネカイガラムシなど／4月になると堅く締まっていた葉のすき間が開き、カイガラムシがいないか、探しやすくなります。この時期に見つけて捕殺します。ネカイガラムシは植え替え時に見つけたら、根を水で洗い流して除去します。

葉の間に綿棒や刷毛を差し込んで、カイガラムシを取り除く。

Care Plan

今月の栽培環境・管理

4月 April

置き場

●**風通しがよく、雨の当たらない戸外**／雨の当たらない戸外で栽培します。遮光率40〜50％の場所で日光によく当てます。

戸外で風通しのよい場所をつくるのが最も手軽な方法ですが、必要であればサーキュレーターなどを使って、常に空気が動く状態にします。簡易温室や室内で栽培している場合、暖かい時期は思いのほか温度が上がり、蒸れやすくなるため、特に換気に気を配りましょう。

また、窓辺など、日光が一方向からさし込む場所では、株は日光がさし込む方向に傾きがちです。数日ごとに鉢を回転させると、株の全体に日光が当たり、整った姿になります。

なお、4月中旬ごろまでは最低気温が3℃を切ることがあります。その場合、夜間は鉢の上に不織布をかけたり、簡易温室や室内の窓辺へ移動させたりします。

水やり

●**鉢土が乾いたら**／鉢土が完全に乾いたら、たっぷりと水を与えます。水はハス口のついたジョウロなどで、株の上からかけてもかまいません。この時期は、日ざしに十分当たり、風通しがよい環境で育っていれば、水を多少多めに与えても、株は徒長せず、締まった姿を保つことができます。

肥料

●**必要なら液体肥料を施す**／植え替え時に元肥を施していれば、追肥は不要です。元肥を施さなかったり、植え替えが遅れていたりする場合は、規定倍率に薄めた液体肥料（N-P-K=6-10-5など）を月1回程度、水やりと同時に施します。元肥については79ページの5を参照してください。

column

栽培環境にゆとりを

4月になったら、鉢と鉢の間を広げて管理すると生育がよくなり、株が充実します。鉢の一つ一つに日光が当たることで鉢土が温まり、根の活動が活発になります。また、風通しがよくなり、栽培環境の空気がよどむことがなくなります。

鉢の側面に日光が当たる

鉢の内部が温まり、生育が早くなる

風通しがよくなる。蒸れにくいので、病気の対策にもなる

59

April **4月**

交配

自分好みの
ハオルチアを
つくる①

適期
3〜12月

交配の作業は簡単

　ハオルチアは交配を行いやすく、タネから育ててもあまり手がかかりません。ぜひ、自分だけの個性的な種類を作出してみましょう。

　例えば、葉の形のきれいな株に、別の株の特徴的な模様を加えたいといったイメージで親株を選ぶとよいでしょう。

　実際に交配しても、なかなか、親株を超えるほど優れた株が生まれませんが、逆に予想もしなかった個性的な株が誕生する可能性もあります。

自分の審美眼で株を選抜

　コツは、親株の性質をよく知っておくことと、そして、根気よく交配を続けることです。タネから育ってきた株のなかから、早めに個性を見抜いて、気に入ったものを選び、大きく育てていきます。

　ちなみに属間交配としては、ハオルチオプシス・ブリンジーとハオルチアの交配種、硬葉系とガステリアの交配種などが見られますが、非常にタネがつきにくく、発芽率もよくありません。

step **1**
親株を用意

まれに自家受精するが、基本的にタネをつけるには同じ株から葉ざしなどでふやしたクローン株ではない2株が必要。同じ時期に開花していることが条件。

step **2**
花を選んで
花弁を取る

蜜が出ている花(68ページ参照)は交配しづらいので避ける。ハオルチアは花茎の下側の花から咲き始める。雄しべに花粉が出ている株を選び、花弁を取り除く。

step **3**
雄しべ、
雌しべを
むき出しに

花弁を取り除き、雄しべと雌しべをむき出しにする。先端に黄色い花粉がついているのが雄しべ。太い緑の子房の先にあるのが雌しべ。

Care Plan

step 4

人工授粉の方法A

簡単なのは、親となる2株とも、同じように花弁を取り除き、雄しべ、雌しべをむき出しにして、互いをこすり合わせる方法。両方の株からタネがとれる。

交配した花より先は、花茎ごと切っておくとよい

交配した花。子房がさやとなり、成熟し始めている

step 6

交配した花より上の花茎を切る

交配から1か月程度たった花茎。花茎は交配したさやより少し上で切り落とす。

4月
April

step 5

人工授粉の方法B

もう一つの方法は、ピンセットで一方の親株から雄しべをとり（上）、もう一方の親株（雄しべだけ取り除いておく）の雌しべに花粉を接触させる（下）。Aの方法より確実だが、雌しべの株だけが受粉する。

step 7

ストローでさやを保護

さやが大きくなったら、ハサミなどでストローを1cm程度の長さに切り（上）、さやにかぶせる（下）。さやがはじけて、中のタネが周囲に飛び散るのを防ぐため。

61

April **4月**

step 8
さやが開き始めたら採種

交配から2〜3か月たったら、ときどきストローの中をのぞいてみる。さやの先端が開き始めたら、タネがこぼれ落ちないようにストローごと、さやの下で切り離す。

さやにストローをかぶせないでおくと、さやがはじけて、タネが周囲にこぼれてしまう。

column
交配を行わない場合は花茎を切る

株が充実していると、生育期間の3〜11月まで花茎が次々と伸び出してきます。花を咲かせると、それだけ株は体力を消耗するので、交配に使用しない場合は、早めに花茎を切りましょう。引き抜くと株を傷めることがあるので、株元3cmほど残して切り、1か月ほどたって、残した花茎が枯れてから、抜き取ります。

step 1
株元3cmほど残して切る

花茎が伸びてきたら、ハサミなどで株元3cm程度を残して切り取る。

step 9
タネをとる

1つのさやからは10数個のタネがとれる。新鮮なうちにタネをまくと(とりまき)、発芽率がよい。真夏や冬にとれたタネはキッチンペーパーで包むか、封筒に入れ、冷暗所に保存。生育期になってからまくとよい。

step 2
花茎を引き抜く

1か月ほどたつと、残した花茎はすべて枯れる。引き抜くと簡単に取れる。

Care Plan

タネまき

自分好みの
ハオルチアを
つくる②

適期
3～7月、9月下旬～11月

「とりまき」が基本

　タネをとってすぐにまく「とりまき」が基本です。バーミキュライト細粒をよく湿らせて、タネをまきます。保湿できるので、容器はふたつきのものが便利です。

　まいたら、棚下などに置いて、23℃前後で管理すると、1か月ほどで発芽します。芽が出たら、遮光率50～60％の柔らかい日ざしの当たる場所で育てます。室内でLED照明の人工光を当てて育てる方法もあります。ふたをしている場合はあまり乾かないので、水やりはほぼ必要ありません。

4月 — April

step 2
通気のための穴をあける

カップのふたにカッターで十字形に切れ込みを入れて通気を少し確保する。

step 3
タネを均一にまく

タネは細かいので、谷折りにした紙にタネをのせ、紙を揺らして少しずつ均等にまく。タネとタネの間が5mm程度空いていると理想的。

step 1
用土を湿らせておく

ここではふたつきのプラスチック製カップを使用。底には穴をあけなくてよい。バーミキュライト細粒を厚さ2cmほど入れ、バーミキュライトが水没しない程度に水を注ぎ、全体を湿らせる。

step 4
ふたをして湿度を保つ

まき終わったら、バーミキュライト細粒をごく軽くかける。ふたをして保湿する。ふたをしておけば、水やりはほぼ必要ない。

April **4月**

鉢上げ

自分好みの
ハオルチアを
つくる③

適期
3月上旬〜5月下旬、9月下旬〜11月半ば

葉3〜4枚で植えつける

　株が成長し、鉢上げできるようになるまでにはタネまきから半年ほどかかります。この間、規定倍率よりも薄めた液体肥料（N-P-K=6-10-5など）を1〜2回施すとよいでしょう。株が小指の先ほどの大きさになり、葉が3〜4枚になったら、1株ずつ鉢上げを行います。

　鉢上げが終わったら、株が安定するまで3か月ほど、通常管理より20％ほど遮光を強めて管理をします。

step **2**

**タネまきから
半年後**

葉が3〜4枚になり、ハオルチアらしい姿になってきた。鉢上げの適期。

step **3**

**ピンセットで
株を取り出す**

まだ株が小さいのでピンセットを使って、1株ずつ掘り上げるとよい。根を傷めないように、ゆっくりと。

step **1**

**タネまきから
3か月後**

芽が出てきたが、葉はまだ2枚程度。さらに育苗を続ける。

step **4**

**鉢上げ時の
株の様子**

葉に対して、根が長く伸びている。この程度まで充実していると、鉢上げ後も根づきやすく、順調に生育する。

Care Plan

step 5
用土を入れる

2.5号程度のプラスチック鉢を用意。鉢底にゴロ土を入れたあと、培養土（101ページ参照）を加える。ゴロ土は鹿沼土か赤玉土の中粒、もしくは軽石を使用。

step 8
根を培養土で完全に覆う

培養土は鉢の縁から1cmぐらい下まで入れ、株の根がすっかり隠れるまで覆う。

4月 ─ April

step 6
化成肥料を少量施す

元肥として緩効性化成肥料（N-P-K＝6-40-6など）をひとつまみ入れ、さらに培養土を加える。

step 9
化粧砂を敷く

培養土の表面に化粧砂として、硬質赤玉土細粒を薄く敷く。

step 7
株を植えつける

4の株を培養土の上に置く。株をピンセットで挟んで鉢の中央に浮かせて、根の間に培養土を入れていく。

step 10
鉢上げ完了

鉢底からみじん（粉状になった培養土）がすっかり流れ出す程度までたっぷりと水やり。

65

5月 May

Haworthia

5月のハオルチア

春の生育サイクルのなかで、特に旺盛に生育する時期です。次第に日ざしが強くなり、気温も上がるため、栽培のトラブルが少しずつ出始めるのもこの時期。株ごとの生育状態を観察し、置き場の環境や栽培方法を見直しながら、ストレスの少ない状態で株を維持して、夏の休眠期まで育てます。

Haworthia 'Kurogyokuro' seedling

黒玉露の実生

黒い窓の透明度が抜群の黒玉露のなかでも、葉が比較的短い実生の個体。葉の先端は三角にとがり、窓は透明で水晶オブツーサにも見劣りしない美しさがある。窓に入る黒から濃紫の線が特徴。

今月の手入れ

- **植え替え、株分け**／作業後、根づいて順調に生育し始めるまで時間がかかります。夏は半休眠の状態になるので、早めに作業を済ませます(78、80ページ参照)。
- **葉ざし、根ざし**／上記の作業時に、葉や根をとって、葉ざし(56ページ参照)、根ざし(82ページ参照)が行えます。
- **交配、タネまき**／交配も早めに行います(60ページ参照)。交配しない場合は花茎を取り除きます(62ページ参照)。タネが完熟したら、「とりまき」をします(63ページ参照)。

この時期に植え替えた株は、通常より日ざしの弱い場所に移して1か月程度養生させる。株の上に小さな遮光ネットをのせて、通常の置き場で育てる方法もある。

この病害虫に注意

アブラムシなど／気温が上がるころに発生します。見つけしだい、捕殺します。粘着捕虫シートでの防除をおすすめします。

カイガラムシ、ネカイガラムシなど／カイガラムシは成長点近くの葉のすき間に数mmの白い綿がついた状態になります。発見したら捕殺します(58ページ参照)。ネカイガラムシは植え替え時に発見することが多く、根を水でよく洗って除去します。

Care Plan

 今月の栽培環境・管理

5月 May

置き場

●**50〜60%遮光下で、風通しがよく、雨の当たらない戸外**／暑い日がふえ始め、株元が蒸れただけでも調子が悪くなることがあります。日当たり、風通しがよく、雨の当たらない戸外で栽培しましょう。

　日光がいちだんと強くなるので、遮光ネットの色を替えたり、2枚重ねにしたりして、遮光率をさらに高い50〜60％にします（右下のコラム参照）。日長が長くなっているので、遮光下で長い時間、日光を当てると、締まった株姿を維持できます。

　風通しには特に気を配りましょう。簡易温室や室内で栽培している場合、ビニールや窓を開放します。空気がよどむ場所があれば、サーキュレーターなどで風を送ります。

　窓辺などでは日光がさし込む方向に株が傾きがちなので、数日ごとに少しずつ鉢を回転させます。サーキュレーターで風通しが図れると理想的です。

水やり

●**鉢土が乾いたら**／鉢土が完全に乾いたら、たっぷりと水を与えます。日ざしが強すぎると、葉焼けを起こしやすく、根に障害が出ることも多くなります。そのため、水を与えても吸えなくなり、葉がやせてくることがあります。そうなったら傷んだ根を整理して、植え替える必要があります。

肥料

●**必要なら液体肥料を施す**／植え替え時に元肥を施していれば、追肥は不要です。元肥を施さなかったり、植え替えが滞り、肥料切れになったりしている場合は、規定倍率に薄めた液体肥料（N-P-K=6-10-5など）を月1回程度、水やりと同時に施します。元肥については79ページの5を参照してください。

column
種類ごとに管理を調整

　遮光率は、硬葉系（コエルマニオルムを除く）が明るめの50％、軟葉系が暗めの50〜60％が適しています。同じ軟葉系でも、万象は玉扇よりも暑さにややデリケートというように耐暑性にも違いがあります。よく観察し、それぞれの株に適した場所を選びましょう。また、硬葉系は水不足が葉の厚みに現れやすいので、軟葉系よりも風通しをよくして少し早いタイミングで水やりを行うとよいでしょう。

67

June **6月**

Haworthia

6月のハオルチア

6月中旬ごろには梅雨に入ります。梅雨の時期は日照不足のために徒長しがちです。曇りや雨の日は明るく遮光を調整しましょう。また、鉢土の乾きが遅くなり、根や葉が傷んで腐りやすくなります。葉を出させて成長させようとせず、葉がやせない程度に成長を抑える管理を目指しましょう。

Haworthia 'Kimenjyo' × *H.* 'Gintaikyo'

鬼面城と銀帯橋の交配種

実生オリジナル苗。ダルマ葉で窓表面が赤茶色に染まる銀帯橋を、短い葉の表面が白く色づくが鬼面城と交配した。両種の特徴がさらに際立った、ほかに類を見ないきれいな株。

 ## 今月の手入れ

●**植え替え、株分け、葉ざし、根ざし**／適期ではありませんが、株の状態を見て、作業の判断を行います（78、80、56、82ページ参照）。作業後は植え替えた株は、通常よりも遮光を強くした風通しのよい場所で養生させます（66ページ参照）。
●**交配、タネまき**／花が咲いていたら、交配が行えます（60ページ参照）。交配しない場合は花茎を早めに取り除きます（62ページ参照）。タネが完熟したら、「とりまき」にします（63ページ参照）。

花から蜜が出ることも。そのままにしておくと、カビや病害虫の原因になるため、交配しないときは切り取るとよい。

この病害虫に注意

アブラムシ、スリップス、カイガラムシ、ネカイガラムシなど／発生しやすい時期です。58ページを参考に、見つけしだい、捕殺します。特にカイガラムシは卵がふ化する時期ですので、注意が必要です。
軟腐病、黒腐病、黒斑病など／いずれも高温多湿の環境でよく発生します。病気にかかった葉はつけ根から取り除き、ほかの部位への伝染を防ぎます。害虫の食害が原因になる場合も多いので、粘着捕虫シートを使って飛来を防ぐとよいでしょう。

今月の栽培環境・管理

置き場

●**50〜60%遮光下で、風通しがよく、雨の当たらない戸外**／6月上旬以降は風通しがよく、雨の当たらない戸外で栽培します。遮光率は硬葉系は50%、軟葉系は50〜60%が理想です。無駄に株をふくらませないように、水分を少なめに管理していきます。

6月中旬から梅雨に入ると、日照時間が減りますが、遮光による光のコントロールと風通しを維持しましょう。簡易温室や室内では、ビニールや窓を開放して、外気を取り入れ、コーナーなど空気がよどむ場所には、サーキュレーターなどで風を送ります。

梅雨どきに軟腐病や黒腐病などの病気が出やすいのは、簡易温室や室内などの空気のよどむ場所に置いた株です。そうした場所は周囲の鉢の陰や栽培棚の端などで、株の異変にも気がつきにくくなります。ときおり並べ替えて、株の状態を確認しましょう。

中旬以降、梅雨に入ってじめじめとした天気が続く場合は、水を与えすぎると軟腐病や黒腐病などの病気の原因になります。天候を見ながら、鉢土が乾きにくいようであれば、鉢土が完全に乾いてから数日待つなど水やりのタイミングを少し遅らせましょう。

また、水の量もたっぷりではなく、鉢の容積の3分の1から半分程度に減らすなどの調整をして、葉がやせない程度の水やりを心がけます。

強い日ざしに当てて、葉が赤くなってしまったレイニーグリーン（交配種）。変化に気づいたら急いで遮光率を高める。

水やり

●**鉢土が乾いたら**／6月上旬は鉢土が完全に乾いたら、水を与えます。少し乾かし気味に水分をコントロールするのがコツです。

肥料

●**施さない**／高温多湿のため、根の活動が鈍ってきます。この時期の施肥は避けます。

7月 July

Haworthia

7月のハオルチア

梅雨の後半になると生育が緩慢になり、やがて半休眠の状態になります。この時期は根の活動が鈍っているため、水を与えてもほとんど吸わず、葉が次第にやせて、徐々につやがなくなります。7月中旬には梅雨が明けて猛暑の日が続くので、あらためて栽培環境を見直しましょう。

Haworthia truncata seedling

玉扇の実生

株の中心部の新しい葉は外側の葉と比べて、窓の中にできる緑色の模様と白線の模様がはっきりと入るように変化している。将来有望な株。

今月の手入れ

●**植え替え、株分け、葉ざし、根ざし**／適期ではありません。どうしても行う場合は作業後、植え替えた株を通常よりも遮光を強くした風通しのよい場所で養生させます（78、80、56、82、66ページ参照）。

●**交配、タネまき**／株によっては花が咲いているので、交配が行えます（60ページ参照）。不要な花茎は早めに取り除きます（62ページ参照）。完熟したタネがあれば、「とりまき」にします（63ページ参照）。

この病害虫に注意

スリップス、カイガラムシなど／スリップスは予防が困難です。乾燥を防ぐなど栽培環境を整えることで防ぎます。カイガラムシは葉がやせて、すき間があいてくると、葉の養分を吸われていて、手遅れになります。よく葉のすき間や成長点を観察して注意しましょう（防除は58ページ参照）。

軟腐病、黒腐病、黒斑病など／いずれも発生しやすい時期です。病気にかかった葉は早めに取り除き、ほかの部位への伝染を防ぎます。

ぶよぶよになって傷み始めた葉を取り除いたところ、つけ根部分にカイガラムシが見つかった。食害を受けた箇所から病原菌が侵入したと考えられる。

Care Plan

今月の栽培環境・管理

7月 July

置き場

●**50〜65％遮光下で、風通しがよく、雨の当たらない戸外**／7月20日前後の梅雨明けまで、50〜60％の遮光下で日光が長時間当たり、風通しがよく、雨の当たらない戸外に置きます。雨で暗い日は真昼だけ遮光ネットを1枚減らすなどして遮光率を40％まで下げてもかまいません。逆に梅雨明け後の晴天時には、日焼けしやすい種類は遮光率65％のさらに暗めの場所で管理します。硬葉系はやや明るいところを好むので遮光率50％程度で維持します。

　一日中、風通しよく管理します。簡易温室や室内ではビニールや窓を大きく開けて、風が通り抜けるようにします。また、サーキュレーターなどを使って、よどむところがないように風を送ります。

　蒸れを防ぐために、風通し、水やりと、もう一つ大切なことは夜温です。ハオルチアは本来、夜に気孔を開いて呼吸をする「CAM植物」です。夜も温度が高いままだと、呼吸が十分にできずに消耗してしまうので、熱のこもりやすいコンクリートなどが多い場所は避けて、夜温が下がりやすい場所に置きます。

水やり

●**梅雨明け後は鉢土が乾いてから3〜4日後**／梅雨どきに水を与えすぎると、根腐れを起こして葉が傷んで、溶けやすくなります。7月半ばまでは、鉢土が完全に乾いてからもすぐには水を与えません。少しずつ水やりの間隔を長くしていきましょう。水の量は少なめにし、鉢の容積の3分の1から半分程度に減らします。天候を見ながら、朝か夕方に水を与え、高温多湿の日中は避けます。

　梅雨が明けて7月半ばを過ぎたら、鉢を持ち上げて軽くなるほど、完全に鉢土が乾いてから、3〜4日後を目安に上記の量の水を与えます。すでに半休眠の状態になり、根の活動が鈍っています。鉢土がぬれても表面からの蒸散が中心です。通常は1〜2週間に1回程度の水やりになります。葉はつやが失われ、少しやせたような顔つきになりますが、問題ありません。

肥料

●**施さない**／夏の高温多湿の時期には施肥は行いません。半休眠のため、追肥を施しても吸収できません。

71

July **7月**

夏越しの
ポイント

意外に過ごしやすい自生地の夏

　ハオルチアにとって、日本の高温多湿の夏は過酷な環境です。自生地の南アフリカ共和国では、夏の月別平均最高気温は25〜27℃にもなり、日中は高くなるものの、平均最低気温は16〜17℃程度と夜間は温度が下がります。
　さらに、常に風が吹いているため蒸れも避けられるうえ、また草の陰で生育していたり、ほぼ土に埋まっていたりと、日ざしも避けられる環境です。夏の栽培では、こうした自生地での環境にできるだけ近づけることを考えます。

遮光ネットで温度を下げる

　遮光ネットは温度を下げることが目的です。遮光ネットの下で少し管理してみて、葉

夏はできるだけ涼しく管理する。硬葉系であれば、遮光率50％で比較的明るい場所に置ける。ただし日長が足りなくなるので、形よく育てるにはLEDライトなどで光を補ったり、サーキュレーターで風通しを図る必要がある。

が赤茶けるなど暑がるようであれば、遮光率と風通しが足りないと考えてよいでしょう。
　軟葉系は梅雨明けまでは50〜60％、梅雨明け後は50〜65％に遮光します。硬葉系は比較的日ざしに強いため、遮光率50％程度のほうが引き締まった株の姿をキープしています。

Care Plan

7月
July

真夏でも完全に断水はしない

サーキュレーターが利用できれば理想的。広い場所であれば、複数台あっても。

　日本ではかつてハオルチアを生育型では「冬型タイプ」と考え、夏は完全に水やりをストップして、休眠させる育て方が普通でした。完全に水を切れば、株が蒸れて傷むことはまずなく、より安全に夏越しができるメリットがあります。しかし、葉がやせてしまい、9月の生育期になってからのスタートが遅れ、株の生育にとっては必ずしもプラスとはいえません。
　自生地では夏でも一定の降雨があるように、遮光によって温度の上昇がおさえられていれば、日本の夏でも水やりは行えます。ただし、水やりの頻度と量の両方を減らし、9月中旬ごろまで半休眠の状態を維持することが必要です。

風通しで蒸れを防ぐ

葉焼けの初期症状。遮光率が低いと強い日ざしにさらされ、株が高温になって、葉焼けが起きる。葉が赤くなり始めたら、遮光率を上げ、蒸れないように風通しを図る。

　真夏も、水やりを行うにあたり、特に注意したいのは、風通しです。都市部の住宅街では夜間も温度があまり下がりません。置き場に昼間の熱気をため込まず、夜にできるだけ涼しく過ごさせるためにも、風が通る場所で管理しましょう。

73

August **8月**

Haworthia

8月のハオルチア

7月から半休眠の状態が続いています。葉のつやが失われ、窓が少し凹んだり赤みを帯びたりしてくることもあります。半休眠の期間を無理なくやり過ごすことを考えて、栽培環境を大きく変えたり、根をいじったりしないようにします。

Haworthia 'Bisetsu' × *H.* 'Yuki no Yousei'

美雪と雪の妖精の交配種

葉の表面が白くザラザラしている美雪はミラーボールと細雪の交配種。雪の妖精は雪うさぎとウイミー交配種の実生苗。透明感のあるミラーボールにザラザラとした粉雪を降らせたようなかわいい株。

 今月の手入れ

半休眠の時期なので、植え替え、株分けなどの作業はすべて行いません。
●**タネまき**／完熟したタネは9月末まで保管してまくとよいでしょう（63ページ参照）。

 この病害虫に注意

スリップス、カイガラムシなど／春に卵がついていた場合、温度が高く、ふ化してしまうことがあります。スリップスは乾燥を防ぐなど栽培環境を整えることで予防します。カイガラムシは葉のすき間を観察して、見つけたら捕殺します（58ページ参照）。

軟腐病、黒腐病、黒斑病など／根が水を吸わない状態で水を多く与えると、病気が発生しやすくなります。気温が高い時期なので進行が早く、一気に株全体に被害が及びます。葉の異変に気づきしだい、病気の発生した葉をつけ根から取り除きましょう。病気の拡大が避けられ、株が助かる場合があります。

真夏に水をやりすぎたため、腐ってしまった株。全体に菌などが広がると回復しない。

今月の栽培環境・管理

置き場

●**50〜65％遮光下で、風通しがよく、雨の当たらない戸外**／近年では最高気温が35℃を大きく超える猛暑日がふえてきました。人が蒸し暑くて苦しいと感じるときは、ハオルチアにとっても厳しい環境だといえるでしょう。28℃を超えると生育が緩慢になり、35℃を超えるといわゆる「株が煮える」状態で、高温障害によって植物の組織が壊死してしまいます（53ページ参照）。

　風通しがよく、雨の当たらない戸外で管理します。遮光下に置いて温度が上がりすぎないようにします。遮光率は50〜65％が基本ですが、よく晴れた暑い日は65％に、雨で暗い日は40％と幅をもたせると理想的です。硬葉系は明るめの遮光率50％程度にします。

　台風一過のよく晴れた日や、無風状態の蒸し暑い日は株が傷みやすいので要注意です。サーキュレーターなどを使って、いつも以上に風通しが図れれば理想的です。また、夜も空気を動かして、夜温の低下に努めます。

　なお、室内の窓辺などで育てている場合は、クーラーなどの空調設備を使えば、夏でも23〜25℃程度が保てるため、半休眠の状態にならずに生育が続きます。徒長させないように意識して、レースのカーテン越しの日光に長時間当てるようにします。

水やり

●**鉢土が乾いてから3〜4日後**／7月同様鉢を持ち上げてみて、軽くなるくらい完全に乾いてから3〜4日後に水やりを行います。結果として、1〜2週間に1回程度の水やりになります。水の量は鉢の容積の3分の1から半分程度が目安。晴れた日の朝か夕方に水を与えましょう。昼の水やりは、成長点に溜まった水が煮えたり、鉢内の余分な水分で蒸れてしまうので避けます。

　葉はやせて、うっすらと赤みを帯びてきますが、水やりの頻度や水の量は変えないで、株の状態を見守ります。慌てて水を多く与えると、腐る原因になってしまいます。

乾きすぎると葉が赤みを帯びるが、根が傷んでいなければ問題ない。写真は玉扇。

肥料

●**施さない**／半休眠のため、施肥は行いません。

September **9月**

Haworthia

9月のハオルチア

残暑が続くなか、9月上旬までは半休眠の状態が続きます。徐々に夜温も下がってきて、お彼岸ごろには秋の生育期に入り、葉が急にふくらんで色つやが戻り、窓もピカピカと輝き始めます。株の変化に気づいたら、すぐに秋の管理に取りかかります。

Haworthiopsis tortuosa 'Maboroshi no Tou'

幻の塔

硬葉系の五重の塔に琥珀色の斑が入ったもの。葉が重なって塔状に伸び上がるが、直径3〜4cmと小さく、生育もやや遅い。強めの日光や低温に当たって葉先が赤みを帯びることも。

 今月の手入れ

●**植え替え、株分け**／植え替えは年1回、必ず行います。作業の最適期は秋です。9月下旬になって生育期に入ったのを確認してから行います（78ページ参照）。また、子株がふえて大株になったものは株分けも行えます（80ページ参照）。どちらも早めに作業を行うと、それだけ根の活着が早くなり、秋の生育期の間に株の充実が図れます。

●**葉ざし、根ざし**／植え替え、株分けの作業時に、葉ざし（56ページ参照）、根ざし（82ページ参照）が行えます。

●**交配、タネまき**／半休眠の時期が終わり生育期に入ると、玉扇など花茎が伸びて花が咲くものが出てきます。花が咲いたら交配が行えます（60ページ参照）。交配を行わない場合は、花茎を早めに切って取り除きます（62ページ参照）。完熟したタネがあれば、とりまきをします（63ページ参照）。真夏にとって保管していたタネがあれば、まくことができます。

 この病害虫に注意

アブラムシ、スリップス、カイガラムシ、ネカイガラムシなど／再び発生がよく見られる時期です。アブラムシの防除には栽培場所に黄色い粘着捕虫シートを設置するとよいでしょう。カイガラムシは成長点の周囲や葉のすき間をよく確認し、見つけしだい、捕殺します（58ページ参照）。

今月の栽培環境・管理

置き場

●**50〜65％遮光下で、風通しがよく、雨の当たらない戸外**／8月に引き続き、風通しがよく、雨の当たらない戸外で管理します。遮光下に置いて、できるだけ涼しく保ちます。

遮光率は50〜65％が基本ですが、秋晴れで強い日ざしが当たる日は65％に、秋の長雨などで薄暗い日が続くようなら40％ぐらいまで下げて、遮光下の明るさが大きく変わらないようにします。また、硬葉系は明るめの遮光率50％を基本に考えます。

少しでも涼しく保つためには風通しが欠かせません。簡易温室や一般温室を使っている場合は扉や窓、わきのビニールなどを全開にし、夜も空気を動かして、夜温の低下に努めます。室内の窓辺で管理していた場合も、窓を開けたり、サーキュレーターなどで風を送ります。

水やり

●**生育期に入ったら、水やり方法を変える**／9月に入っても、8月と同じ水やりを続けます。鉢土が完全に乾いてから、3〜4日後に水を与えます。水の量は鉢底から水がぬけるまでたっぷりとです。朝か夕方に水やりをして、温度の上がる時間帯は避けます。

同じ水やりを続けていても、お彼岸のころになると自然に株中央の新葉からふくらみ始めます。生育期に入った合図なので、水やりを切り替えて、鉢土が完全に乾いたらたっぷりと行うようにします。

秋の生育期に入るとほどなく葉がつやを取り戻して、きれいな色になる。

肥料

●**生育期に入ったら、液体肥料を施す**／植え替え時に元肥を施していれば、追肥は不要です。植え替えが遅れて1年以上たった場合など、施肥が必要な場合は、お彼岸を過ぎて、生育期に入ったのを確認してから、規定倍率に薄めた液体肥料(N-P-K=6-10-5など)を月1回、水やりと同時に施します。植え替えや株分け時の元肥については、79ページの5を参照してください。

September **9月**

植え替え

1年に1回、必ず行う

適期
3月上旬〜5月下旬、9月下旬〜11月半ば

準備するもの
①一回り大きなプラスチック鉢（写真は3号鉢）、②植え替え予定の株（十二の巻）、③培養土（101ページ参照）、④化粧砂（写真はゼオライト3mm粒）、⑤ゴロ土（鹿沼土か赤玉土の中粒、もしくは軽石）、⑥緩効性化成肥料。

根を健全な状態に保つ

　ハオルチアは原則として、1年に1回、植え替えを行います。植え替えずに古い用土のまま栽培を続けると、次第に水はけが悪くなり、根が傷んで生育が悪くなったり、下葉から枯れてきたりします。
　植え替えは用土が乾いた状態で行います。根鉢をくずして、新陳代謝で枯れた根や葉を整理し、同時にカイガラムシ、ネカイガラムシなどの害虫もチェックしましょう（111ページ参照）。
　なお、葉がふえて、鉢に対して株が大きくなってきたら、一回り大きな鉢に植え替えます。大株になるものでも、最大5〜6号鉢が限度です。鉢が大きすぎると鉢内の温度が上がらないので、生育が悪くなります。株があまり大きくなっていない場合は同じ大きさの鉢に植え替えましょう。

step **1**

古い用土を落とす

株を鉢から取り出し、根を傷つけないように根鉢をくずす。古い用土はすべて落とす。

step **2**

枯れた葉を取り除く

株元に枯れた葉がついていることがある。あれば、ピンセットで取り除く。

Care Plan

9月 | September

step **3**

傷んだ根を取り除く

古くなった茶色い根や黒ずんでふかふかになった根はピンセットで取り除き、白くきれいな根のみを残す。白いネカイガラムシがついていないかチェック。

step **6**

株を置いて培養土を加える

株は根を下に伸ばした状態で鉢に入れ、手で浮かせた状態で、株と鉢のすき間から培養土を入れる。

step **4**

ゴロ土、培養土を入れる

一回り大きな鉢にゴロ土を入れ、培養土を加える。

step **7**

株の位置を微調整

真上から見て、株が鉢の中心にくるように微調整。鉢底をテーブルなどにトントンと軽く打ちつけ、培養土を根のすき間にしっかりと落ち着かせる。

step **5**

元肥を加える

培養土に緩効性化成肥料（N-P-K＝6-40-6など）を一つまみ加えて、よくかき混ぜる。さらに培養土を加える。

step **8**

1〜2日後に水やり

すぐには水やりは行わず、1〜2日たってからたっぷりと水やり。2週間程度、鉢の上に遮光ネットなどをのせて、遮光率を高めて養生する。

September **9月**

株分け

子株が大きくなったら

適期
3月上旬～5月下旬、9月下旬～11月半ば

子株がたくさんついたレティキュラータ。このまま植え替えてもよいが、株分けすると子株が多くとれて、容易に株をふやすことができる。

親株の植え替えと同時に行う

　株分けはハオルチアの最も簡単なふやし方です。ハオルチアの小型の種類の多くは、葉の枚数がふえて株が大きくなってくると、株元付近に子株ができます。子株のできやすさは種類によって大きく異なりますが、ものによっては、次々に子株が吹き出して、こんもりとした大株になる場合もあります。また、子株のできる場所は株元だけでなく、株の中心近くにできる場合もあります。

　子株の葉の枚数がふえたら、親株の植え替え時に、親株から切り離して、別の株として育てることができます。株数をふやすためだけでなく、子株ができて形がくずれた株を整える意味でも、株分けを行います。

step 1
株分けできる株

株元から吹き出した子株の葉数が7～8枚になり、株分けできる状態になっている。このまま育ててもよいが、株全体の姿を乱す一因になっている。写真の品種は新氷砂糖。

step 2
根鉢をくずす

鉢土がよく乾いた状態で作業をする。株を鉢から取り出し、根を傷つけないように根鉢をくずす。枯れた葉や根の整理は78～79ページ参照。

Care Plan

9月 | September

step 3
子株の つけ根を確認

親株を押さえながら、子株をつかんで、つけ根部分がどのようにつながっているかを確認する。

step 6
分離した 親株と子株

子株にしっかりとした根がついていれば、そのまま植えつけられる。根が少なければ、葉ざしと同様針金で固定する（57ページ参照）。

子株がついていた場所

step 4
へらを 差し込んで つけ根を切る

先の曲がったへら（102ページ参照）を株の上側からつけ根に差し込んで、子株を切り離す。

step 7
子株の 植えつけ

子株の大きさに合った鉢を用意（ここでは2.5号鉢）。79ページの5〜7と同じ手順で植えつける。

step 5
子株を分ける

子株をつまんで親株から引き離す。絡み合った根を切らないように慎重に。

step 8
株分け完了

親株

子株

親株についても、同様に新しい培養土で植え替える（ここでは3号鉢）。1〜2日たってからたっぷりと水を与える。その後の管理は79ページの8参照。

September **9月**

根ざし

根から子株をつくる

適期
3月上旬〜5月下旬、9月下旬〜11月半ば

準備するもの
①新しい鉢（写真は3号鉢）、②根をとる株（玉扇）、③培養土（101ページ参照）、④化粧砂（写真はゼオライト3mm粒）、⑤ゴロ土（鹿沼土か赤玉土の中粒、もしくは軽石）。

根の太い種類におすすめ

ハオルチアは太い根を用土に植えておくと芽が出て、ふやすことができます。特に根が太い玉扇や万象などに向いています。

コツは充実した株の太い根を選ぶことです。根を培養土にさすときには、根の先端を下に株元側を上にし、培養土から根が顔をのぞかせている状態にします。

なお、根ざしは植え替えや株分けなどの作業の途中に、根元からきれいに取れてしまった根を使って行うこともできます。根の先端であれば折れていてもかまいません。

1か月ほどで、培養土の上に出た根から芽吹き、数か月〜半年で数枚の葉と新根が伸びた子株に成長します。植えた根から切り離し、植え替えと同じ方法で植えつけます（78ページ参照）。

step **1**

古い用土を落とす

株を鉢から取り出し、根を傷つけないように根鉢をくずす。古い用土はすべて落とす。

Care Plan

9月 | September

step 2
つけ根に切れ込みを入れる

太くて傷んでいない健全な根を選んで、つけ根にカッターなどの刃先で切れ込みを入れる。

step 3
根を切り離す

根をそっと引っ張ると簡単に取れる。無理に折り取らない。親株の根元を必要以上に傷つけないように注意。

つけ根側。
こちらを上にして植えつける

step 4
根の上下はそのままで

ハオルチアの根は意外に強いので特に保護する必要はないが、すぐに植えつけ作業に入る。根はつけ根側を上に、根の先端を下にして植えつける。

step 5
根を中央に立て、培養土を加える

新しい鉢にゴロ土を入れ、続いて少量の培養土を加える。株は鉢の中央に立て、手で支えた状態で、周囲にさらに培養土を加えていく。

step 6
必要なら化粧砂を敷く

培養土を入れ終わったら、必要であれば化粧砂を薄く敷く。化粧砂を敷くと保湿が図れる。根のつけ根側が1cm程度、地上に出るように。

根のつけ根側が
1cm程度、
上に出ている

step 7
1〜2日後に水やり

水やりはすぐに行わず、1〜2日たってから、たっぷりと。なお、根をとった株は同じ大きさの鉢に植え替えておく。

| その後の管理 | 植え替え後と同様の管理をする(79ページの8参照)。 |

83

Column

鉢合わせを楽しむ

ミラーボールを、
さまざまな陶器の鉢と
マッチング！

＋

園芸用に
つくられた
個性派陶器鉢

株を引き立てる鉢を選ぶ

　お気に入りのハオルチアを身近な場所で育てるのも楽しいですが、栽培用のプラスチック鉢だけでは物足りないと感じるときがあります。鉢にもこだわって、株の形や葉の色や質感がより引き立つマッチングを見つけてみましょう。鉢の選び方一つで、ハオルチアの雰囲気が一変するはずです。

　最近では、多肉植物の観賞用にデザイン性に富んだ陶器や磁器の鉢が多く出回るようになってきました。都会的でスタイリッシュな組み合わせを楽しむこともできます。

| 株のゴツゴツ感と荒れた大地をイメージした鉢のひび割れが一体化。 | 葉の先端の白い筋模様と鉢の回りの白いかすれが呼応。スマートな印象に。 | 釉薬の鈍い輝きが、葉の窓を引き立てる。ずんぐりとした鉢形で落ち着いた印象に。 |

　一方で、ハオルチアは玉扇や万象などを中心に日本では戦前から育てられてきた歴史もあり、あえて東洋ランや山野草の鉢に植えつけて、落ち着いた和の雰囲気を醸し出してもおもしろいでしょう。
　ハオルチアの根は「ゴボウ根」とも呼ばれ、太い根が下へ伸びます。平たい浅鉢よりも縦長の深鉢のほうがよく生育します。

鉢底の穴を確認

　鉢の中には鉢底穴が小さいものがあります。穴が小さいと鉢内の余分な水分を排出できず、空気の巡りが悪くなるため生育緩慢期に、根腐れを起こす原因になります。鉢底穴は直径1〜2cm以上が目安です。

October 10月

Haworthia

10月のハオルチア

1年で最もよく成長する月です。夜温が次第に下がってくると、生育が活発になって新葉もよく伸びます。葉色は全体に美しくなり、株もふっくらとふくらみます。この時期に株をしっかりと成長させると美しい充実した株をつくることができます。

Haworthia 'Pirarucu' × *H.* 'Take 5'

ピラルクとテイクファイブの交配種

透明感のあるブルー窓が特徴のピラルクと小型だが密なロゼット型をつくるテイクファイブのベイエリー系の交配種。小型だが、中心部ほど半透明の窓に入る模様が鮮明で複雑怪奇な網目状になっている。

今月の手入れ

●**植え替え、株分け**／作業の適期です。作業直後には株は生育をいったん止めますが、すぐに回復し、新しい用土で順調に成長を始めます。植え替えは年に1回は必ず行いたいので、この時期を逃さずに早めに済ませましょう（78ページ参照）。子株が吹いて大きくなった場合は、株分けします（80ページ参照）。

●**葉ざし、根ざし**／上記の作業時に、葉や根をとって、葉ざし（56ページ参照）、根ざし（82ページ参照）が行えます。

●**交配、タネまき**／花が咲いたものがあれば、交配が行えます（60ページ参照）。交配を行わない場合は、花茎は早めに切っておきます（62ページ参照）。完熟したタネがあれば、「とりまき」をします（63ページ参照）。

この病害虫に注意

アブラムシ、スリップス、カイガラムシ、ネカイガラムシなど／アブラムシ、スリップスの発生がよく見られます。9月に引き続き、黄色い粘着捕虫シートを設置しておきます。カイガラムシの発生も続きます。葉のすき間をよく確認し、発見したら捕殺します（58ページ参照）。生育期に入り葉がふっくらとふくらんで健全に育っていて勢いのある株には病害虫はつきにくくなります。ネカイガラムシは植え替え時に見つけたら、根を水で洗い流して除去します。

Care Plan

今月の栽培環境・管理

10月

October

置き場

●**10月半ばから40〜50％遮光下に**／9月に引き続き、風通しがよく、雨の当たらない戸外で管理します。10月前半は引き続き50〜65％の遮光下に置き、日ざしの強い日は65％、雨や曇りなどで薄暗い日は40％程度に調整できるとベストです。なお、硬葉系は明るめの遮光率50％を基本に考えます。

10月半ばになると、さらに太陽の位置が低くなり、日ざしが弱くなってきます。遮光ネットの色を替えるか、2枚重ねにしていたネットを1枚に減らすなどして、遮光率を40〜50％に変更します。

これまでどおり、風通しをよくします。日中は簡易温室などのビニールを開け少し湿度を保てるように風通しを調整します。10月ごろの夜温は生育に理想的なので、しっかり夜も風が当たるようにします。

室内の窓辺で管理している場合は、日光に長時間当たるように置き場を工夫し、窓を開けて風通しをよくしたり、サーキュレーターなどで風を送ったりします。

水やり

●**鉢土が完全に乾いたら**／鉢土が完全に乾いたらたっぷりと水を与えます。生育期で水をよく吸うため、意外によく乾きます。水や湿度が足りないと葉がやせてくるのでよく観察しましょう。

特にこの時期は、鉢底から流れ出るまでたっぷりと水を与えるとよいでしょう。用土を十分に湿らせるためだけでなく、用土の間の空気を入れ替えて、活発に働いている根が呼吸しやすくし、同時に鉢内の老廃物を外に流し出して、株を健全に保ちます。

水をたっぷりと与える場合は、ハス口のついたジョウロなどで、株の上から水をかけてよい。

肥料

●**必要なら液体肥料を施す**／植え替え時に元肥を施していれば、追肥は不要です。植え替えが遅れて1年以上たった場合など、施肥が必要な場合は、規定倍率に薄めた液体肥料（N-P-K=6-10-5など）を月1回、水やりと同時に施します。植え替えや株分け時の元肥については、79ページの5を参照してください。

ハオルチアの自生地を訪ねる

自然の中で植物を観察

　2017年、ハオルチアの自生地の南アフリカ共和国の西ケープ州に出かけ、ハオルチアが育っている自然環境を自分の目で確かめることができました。実際にその場所に立ち、ハオルチアを見てみると、改めて気づくことが数多くありました。

　最も素直な感想は、「ハオルチアは簡単には見つからない」ということです。短期の滞在で、しかも独力で探すとすれば、ハオルチアはほとんど見ることはできないでしょう。

　ハオルチアなど自生地の植物全般は自然保護の観点から採取は固く禁じられているだけでなく、自生地には私有地が多く、個人での行動はまず不可能です。資格を持つ専門のガイドとともにポイントを回って、自生地の植物を自然の姿で観察するのが原則です。

ほかの多肉植物と群落

オウツフルン周辺。モーリシアエ（*Haworthia mucronata* var. *morrisiae*）が岩の割れ目に生えていた。単独で育っているものもあれば（下左）、コノフィツムやクラッスラと植物群落をつくっている場合も（上）。株元にはコケも生えていて、一定の湿度が保たれていることがわかる。付近はなだらかな山地で、木々がブッシュ状に生え、日陰ができやすい（下右）。

ハオルチアを求めて

　自生地でハオルチアと出会ったときの感激はひとしおです。

　ハオルチアは葉の色や形が周囲の石や岩に入り交じり、しかも葉の多くの部分が土や砂に埋まっていることもあり、まるで宝探しをしているような気分になります。

　よく見つかるのは、岩が多い丘陵地で植物がブッシュ状に生えているような場所。岩の割れ目やくぼみ、あるいはほかの植物の株元などに、直径3〜5cmほどのハオルチアがぽつんと育っていたこともありました。ほかの多肉植物と同居していることもあり、そうした光景はまさに自生地でなければ見られないものです。

　まさかと思うような場所でハオルチアと出会ったこともあります。切り立った岩壁を5〜6mもよじ登っていくと、岩がくずれたあとにできた狭いくぼみにロックウッディが生えていました。思わず驚きの声を上げてしまいましたが、しっかりと観察し、カメラに収めて岩壁を下りてくるだけでもハラハラものでした。

岩壁のロックウッディ

西ケープ州ラングズバーグの南。くずれやすい岩壁をよじ登ると（上）、岩のすき間にロックウッディ（*H. lockwoodii*）発見（右）。タネは鳥や虫によって運ばれたのだろうか、雨により流れついたのか、想像をかき立てられる。

岩陰に潜む

同じくラングズバーグの南。南向きの岩陰で見つけたスカブリスピナ（*H. arachnoidea* var. *scabrispina*）。クラッスラ・ヌディカウリスと同居。

自生地に学ぶ栽培環境

　自生地を回って驚いたことの1つに、風があります。どこを回っても、つねに強い風が吹きつけていました。私が見たハオルチアの自生地は海岸部よりもなだらかな山地や丘陵地、高地に多く、ほとんどの場合、岩や石とともにブッシュの目立つ開けた場所です。強い太陽光が降り注ぎ、日中は高温になり地温が上がるものの、風の影響もあって株自体の温度は上がらないのでしょう。最低気温が下がり、一日の温度差は大きくなります。

　しかし、乾燥地かというとそうではなく、ハオルチアのそばにしばしばコケが生えているように、降雨もあれば、一定の湿度も保たれていることがわかります。また、周辺には必ずといっていいほど、大きな川が流れています。雨期はあっても降水量はかなり少なく、その時期にも風が吹きつけるため、ハオルチアは蒸れずに育っているのでしょう。

　ハオルチアの自生地を訪ねたことで、あらためて栽培における光、風、水のバランスの大切さを考えるようになりました。特に以前と比べて、風通しに気を配るようになったのが大きな変化です。自生地の環境に学び、できるだけそれに近づけつつ、一方でふっくらと形が美しく観賞に堪えるハオルチアを育てるために模索は続きます。

締まった姿のプミラ

ロバートソンカルー周辺。プミラ（*Tulista pumila*）は葉が赤くなり締まった野性的な姿をしていた。

周囲の風景に同化

ノルティエリ（*H. nortieri* var. *nortieri*）。クランウィリアムの東付近。石や土とほとんど同じ色で、遠くから見ると風景に同化して、見つけにくい。

ブッシュの株元に
隠れるように

ナピエル周辺。ブッシュ状に生えた植物の株元と岩に隠れるように、バディア（*H. mirabilis* var. *badia*）が見つかった（左）。ここも開けた丘陵地で、右側の裸地は降雨のときは川に変わる（右）。

自生地の年間の気候

　西ケープ州海岸部の都市、ケープタウンは夏の10〜3月に雨が少なく、冬の5〜8月に雨の多い地中海性気候なのに対し、東ケープ州海岸部の都市、ポートエリザベスは年間を通じての降水量の変化の幅が小さいのが特徴。ハオルチアの自生地はこれらの都市からさらに内陸部のなだらかな山地が多い。

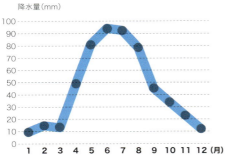

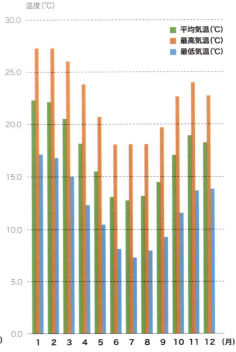

気象庁ホームページ「世界の天候データツール」をもとに作成（2004〜2018年の月別平均値）

November **11**月

Haworthia

11月のハオルチア

生育期が続きます。11月中旬以降に気温が下がってくると、生育はゆっくりになってきます。下旬には霜が降りるほど冷え込む日も出てきます。日中はできるだけ日光によく当てて、生育が続くようにします。

Haworthiopsis viscosa variegated

ビスコーサ錦

ビスコーサの斑入りだが、特に斑が鮮明に入った優良個体。おそらく普通のビスコーサ錦からの枝変わりを固定したもの。葉ごとの緑と斑の変化もおもしろい。右側の株は斑が抜けたもの。

今月の手入れ

●**植え替え、株分け**／11月半ばまで作業が行えます。だんだん温度が下がってくるので、なるべく早めに済ませるようにしましょう（78、80ページ参照）。11月下旬になったら作業は行いません。

●**葉ざし、根ざし**／11月半ばまでは葉ざし（56ページ参照）、根ざし（82ページ参照）も行えます。

●**交配、タネまき**／種類によってはまだ花茎が伸びて、花が咲くので、交配が行えます（60ページ参照）。交配を行わない場合は、花茎は早めに切ります（62ページ参照）。完熟したタネがあれば、「とりまき」をしますが、発芽には栽培環境を最低温度5℃以上に保つ必要があります（63ページ参照）。

この病害虫に注意

アブラムシ、スリップス、カイガラムシ、ネカイガラムシなど／次第に少なくなりますが、害虫が発生することがあります。カイガラムシは新たに卵を産みつけることもあります。ときどき葉のすき間を確認し、見つけしだい、捕殺します（58ページ参照）。11月下旬に簡易温室や室内の窓辺などに取り込む場合は、カイガラムシなどがふ化しやすいので、事前にチェックしてから取り込みましょう。ネカイガラムシは植え替え時に見つけて、水で洗い流して除去します。

今月の栽培環境・管理

置き場

●**風通しがよく、雨の当たらない戸外**／10月に引き続き、風通しがよく、雨の当たらない戸外で管理します。遮光率は40〜50％ですが、11月中旬には徐々に明るくして、遮光率22〜40％にします。

　気温が下がってゆるやかに生育が続く反面、鉢土は乾きにくくなり、徒長しやすくなります。なるべく日光に当たる時間を長くして、風通しを常に確保しておくと徒長は防げます。

　また、簡易温室や一般温室で栽培している場合は、サーキュレーターで内部の空気を常に動かします。よく晴れた日の昼間は、温室内が高温にならないようにビニールや窓を開けて換気をしましょう。温度・湿度を見ながら開閉を調整しますが、11月の半ばを過ぎるとだんだんと全開にすることは少なくなり、夜は閉じることがふえてきます。

　11月下旬には霜が降り始めます。特に冷え込むときは、戸外に置いているものは霜や北風に当たらない場所に移動させて、最低温度を3℃以上に保ちます。ベランダなどに新たに簡易温室を設置する場合は、早めに準備しておきましょう。特別に冷え込むときは、簡易温室や室内に鉢を移動させます。

水やり

●**鉢土が完全に乾いたら**／鉢土が完全に乾いたらたっぷりと水を与えます。生育が少しずつゆっくりになると、株が水を吸わなくなり、鉢土の表面からの蒸発も少なくなってきます。水やりの間隔はだんだん長くなっていきますが、水の量はたっぷりと与えます。

肥料

●**施さない**／生育が落ち着いてくるこの時期には施しません。日ざしと温度の確保が難しくなってくるため、施すと徒長の原因になります。

column

枯れた葉は取る

　健全な株でも新陳代謝により、下葉が枯れることもあります。また、株が大きくなると、葉のつけ根付近から発根し、根に押されて葉が枯れる場合もあります（写真）。いずれの場合も、枯れた葉はていねいに取り除きます。

葉のつけ根から伸び出した根。

December 12月

Haworthia

12月のハオルチア

日長が短くなり、日ざしの注ぐ角度も低くなってきます。12月中旬には新葉の伸びが目立たなくなり、生育緩慢期に入りますが、葉の色つやはよく、まだふっくらとしています。新たな花茎の伸びはほとんどなくなりますが、花は12月いっぱいまで咲いている種類もあります。

Haworthia bayeri var. *bayeri* × *H. wimii* hyb.

薄氷(うすごおり)

ベイエリーとウイミーの交配種をかけ合わせた実生オリジナル選抜個体。葉がふっくらと丸みを帯び、窓が凸型で白雲が強い。窓に入る網目模様もきれいに見える。

 今月の手入れ

●**植え替え、株分け、葉ざし、根ざし**／作業は行いません。12月中旬には生育緩慢期に入るため、植え替えても根の伸びが悪く、株が安定しにくくなります。

●**交配、タネまき**／12月いっぱいまで花は咲きます。種類は限られてきますが、交配は行えます(60ページ参照)。交配を行わない場合は、花茎は早めに切り取ります(62ページ参照)。

この時期に完熟したタネがあれば、「とりまき」もできますが、発芽には栽培環境を最低温度5℃以上に保つ必要があります。タネがこぼれる前にとって保管し、3月以降に暖かくなってからまくとよいでしょう(63ページ参照)。

 この病害虫に注意

アブラムシ、スリップス、カイガラムシ、ネカイガラムシなど／ほとんど発生しません。しかし、寒さを避けるために簡易温室や室内などに株を移動させると、温度が上がるため、害虫が発生することがあります。新たな場所に害虫を持ち込まないように、移動させる前に株をよくチェックし、害虫を発見したら捕殺します(58ページ参照)。

Care Plan

今月の栽培環境・管理

12月

December

置き場

●霜や冷たい北風の当たらない戸外／12月上旬までは、11月と同様に風通しがよく、雨の当たらない戸外で管理します。遮光率22〜40％の遮光ネットの下に置きます。

12月中旬からはいちだんと寒くなるので、同じ戸外でも、霜や冷たい北風の当たらない場所に移動させます。遮光率22〜40％が基本ですが、明るめに保ちます。1年で最も昼の時間が短い時期ですので、できるだけ長時間日ざしに当たるように、置き場にさし込む日光の角度や影のでき方を観察しましょう。

最低気温3℃を切る場合は、簡易温室や一般温室を利用するか、室内に取り込みます。晴れた日の昼間は簡易温室や一般温室のビニールや窓を開けて風通しを確保し、日没後は閉じて保温します。内部ではサーキュレーターなどを稼動させて、空気がよどまないようにします。

室内に取り込む場合は、日ざしが長時間さし込む窓辺に置きます。ただし、暖房などで温度が高くなると生育が続き、徒長につながります。ハオルチアはある程度、寒さに当てたほうがきれいな形が保てます（52ページ参照）。室内で日照が足りない場合は、LED照明で補ってもよいでしょう。また、風通しを図ることも大切です。

水やり

●鉢土が完全に乾いてから3〜4日後／根の活動が徐々に鈍ってきます。水をやりすぎると、鉢内が常に湿っている状態になり、根腐れを起こしやすくなります。鉢を持ち上げてみて、十分に軽くなったら、鉢内が乾いたと考えて、それからさらに3〜4日おいて、水を与えます。

冷え込む日の水やりは禁物です。晴れた日の午前中に水やりを行います。1回の水の量は徐々に減らし、鉢の容積の半分程度にします。

徒長して形がくずれ始めた株。室内に早く取り込むなど、日ざしが弱く、暖かい栽培環境ではこうした株になりやすい。

肥料

●施さない／生育緩慢期に入るので、この時期には施しません。

95

育て方のポイント

栽培環境をつくる

栽培環境を整えて、美しい姿を保つ

　ハオルチアは美しく均整のとれた株姿を観賞したいもの。葉はふっくらと生き生き成長していて、しかし必要以上に間のびせず、全体として見たときにはギュッと締まった無駄のない姿が理想です。

　そうした株姿を目指して栽培しましょう。大切なのは、季節ごとにハオルチアがストレスなく育つよう、栽培環境を整えることです。

「光、風、水」のバランスを考える

　いざ栽培を始めると、どうしても「日当たりは?」「風通しは?」「水やりは?」と個々の条件だけを考えてしまいがちです。しかし、季節やその日の天気などで、栽培条件は常に変化するもの。ハオルチアは栽培環境のよしあしが、比較的早く株の状態に現れてきます。毎日よく観察して株の変化を見逃さず、光(日ざし)、風通し、水やりの3つの管理を少しずつ調整していきます。

　例えば、光があまり当たらないので水やりも減らしたつもりなのに、葉が長く間のびしてしまったという失敗がよくあります。こうした場合は風通しを改善しただけで、締まった株に戻ることがあります。

　また、徒長させないために、水やりを控えめにしていたら、葉の厚みがなくなって赤くなってしまうということもあります。一方で温度の条件がよい生育期に日照時間と風通しがしっかり確保できていれば、じつは毎日のように水を与えても徒長しないこともあります。

　それぞれの栽培環境で、常に「光、風、水」のバランスを意識しながら、最良の状態を見つけていくことが大切です。

光、風、水の バランス

（生育期の管理のイメージ）

典型的なパターンを、三角形のイメージで表現した。三角形がくずれないように調整することが大切だが、風通しは常に強めに確保しておくと安心。

1　理想の環境

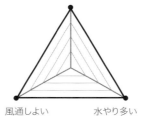

根が活発に水を吸い上げ、光合成を行うため、株がよく成長する。

2　水の不足

初夏に起こりやすい。十分に水を吸えないため、生育が鈍る。葉がやせて、赤みを帯びる。

3　光、風の不足

梅雨どきにありがち。鉢内が湿った状態が続き、徒長する。根が傷んで、株全体が腐ることも。

4　風の不足

風通しは盲点になりやすい。空気がよどむと夜間に呼吸を行えず、生育が悪くなる。

5　光、水の不足

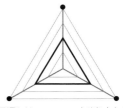

室内栽培に多い。株姿は十分に維持できる。生育はゆっくりで、株はあまり大きくならない。

育て方のポイント

柔らかい光を長く当てる〜置き場の基本

半日陰で風通しを確保

　ハオルチアは一年中、半日陰で管理します。遮光ネットがあれば理想的です。柔らかい日照を長く確保し、同時に風通しも図り、さらに湿度を保つと美しい姿に育ちます。できれば戸外での栽培がよいでしょう。春や秋の生育が旺盛な時期は、種によっては雨ざらしでも大丈夫ですが、水やりの調整がしづらく、根腐れの原因になるので、基本的に雨の当たらない軒下や温室などで育てます。

日ざし／季節によって遮光ネットの種類を替えて、遮光率を調整します。市販の遮光ネット（寒冷紗）は色が白や黒のものがあり、必要に応じて2枚重ねにするなどして、使用します。簡易温室や一般の温室では遮光ネットは外に張って、日ざしと温度を調整します。

遮光率40％の遮光ネット（寒冷紗）。市販の遮光ネットには色が白や黒などさまざまなものがある。必要な遮光率に応じて、種類を替えるか、2枚重ねにするなどして使用する。

温度／ハオルチアが最もよく成長する温度は15〜25℃です。冬は霜が降りる場所や冷たい北風が当たる場所は避けます。もし0℃になっても、鉢内が凍らなければ、株がダメになることはまずありません。しかし、安全のために最低温度3℃以上をキープできる場所がよいでしょう。

風通し／空気が動かないと、ハオルチアは夜間に十分な呼吸ができず、生育が悪くなります。年間を通じて風通しのよい場所に置きます。必要であればサーキュレーターなどを用います。

株の高さがそろうように鉢を置くことも、風通しを図るためには大切（上）。高さがバラバラだと、低い鉢に風が当たりにくい（左）。

湿度／ハオルチアが好む空中湿度は意外に高く、60％です。真夏に半休眠期で水やりを控えているときも、霧吹きなどでさっと鉢土を湿らせて、湿度を保つ方法もあります。

置き場1

戸外の軒下で育てる

　雨が避けられることが条件です。東か南向きで、できるだけ日照時間が長い場所を選びます。強い西日が当たる場所は必ず西側にも遮光ネットを張っておきます。

　冬に最低気温が下がってきたら、フレームでできた簡易温室を戸外に設置し、鉢を移動させてもよいでしょう。

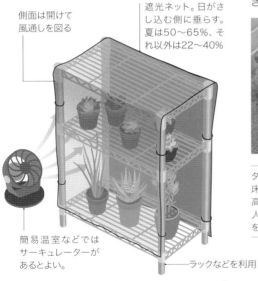

側面は開けて風通しを図る

遮光ネット。日がさし込む側に垂らす。夏は50〜65%、それ以外は22〜40%

簡易温室などではサーキュレーターがあるとよい。

ラックなどを利用

ラックを利用した栽培場所 | ラックの大きさを選べば、軒下、ベランダ、室内のいずれにも設置できる。

置き場2

ベランダの棚で育てる

　2階建て住宅やマンションなどでは、ベランダを利用することもできます。ただしベランダの床は日ざしが届かない時間帯が長く、また、夏にはコンクリートの余熱で高温になりやすいので、棚などを設置して、日長を保てる高さに置き育てるとよいでしょう。また、ベランダは乾燥しやすいので、ときどき周囲に水をまくなどの工夫も必要です。

タイルやコンクリートの床に直接置くと、夏に高熱になり、根が傷む。人工芝などを敷いて鉢を置くとよい。

ハオルチアは小型の種が多いのでベランダの狭いスペースでも、小さな棚を設置して、栽培を楽しむことができる。

育て方のポイント

置き場3

室内の窓辺で育てる

　長時間日ざしのさし込む窓辺があれば室内で育てることもできます。夏の日ざしが強い時期はレースのカーテンで遮光します。大きな窓のそばにスチール製の棚を設置してもよいでしょう。

　日ざしが足りないと徒長しやすいので、水やりは少なめにし、湿度が保てる工夫をして風通しを常に確保します。必要に応じて、栽培用のLED照明で光を補ったり、サーキュレーターで風を送ったりしましょう。

　マンションなどの多い都市部や冬の長い寒冷地などで、室内栽培に取り組む趣味家がふえています。

室内の窓辺で多数のハオルチアを栽培。空調に加えて、タイマー付きのLED照明、サーキュレーターで日照、温度、風通しを理想的に保つ。

小型のサーキュレーター。上下左右に首振りできるものもある。置き場の空気をかき混ぜ、株に常にそよ風が当たっている状態が理想。

Column
簡易温室は冬越しの強い味方

　市販されているスタンド式のビニール温室(写真)などの簡易温室を利用すれば、関東地方以西では戸外で十分、冬越しができます。

　よく冷える夜は、しっかり密封し、ビニールの近くに株を置かないようにします。逆に日中に温度が高くなるときは、ビニールを開けるなど、換気に気をつけます。

ヒーターがなくても効果は大きい。

使用する用土

自家製ブレンド培養土をつくる

栽培を続けていると、もう少し水もちをよくしたい、水やりが好きなので水はけをよくしたいなど、自分の栽培環境により合った培養土が必要になってきます。ここで紹介しているのは、最も一般的な培養土のつくり方です。用途によって配合量を工夫するとよいでしょう。

市販の培養土を使う

ハオルチアは水はけがよく、通気性の高い土を好みます。手軽なのは市販のサボテン・多肉植物用の培養土を使う方法です。サボテンよりも水もちが必要なので、赤玉土小粒を2割程度混ぜます。肥料分の含まれていない商品には有機質固形肥料(N-P-K=2.5-4.5-0.7など)を追加しましょう。

自家製ブレンド培養土

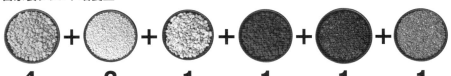

4 赤玉土小粒 — 水もち、肥料もちがよい

2 鹿沼土小粒 — 通気性、水もちがよい

1 軽石 — 水はけがよい、多孔質

1 有機質固形肥料 — N-P-K=2.5-4.5-0.7など。元肥として

1 くん炭 — 土壌改良用、多孔質

1 バーミキュライト — 土を軟らかく。水もちがよい(半量はゼオライトにしてもよい)

市販の培養土をアレンジ

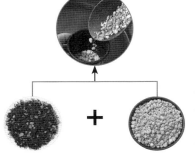

8 市販のサボテン・多肉植物用の培養土

2 赤玉土小粒
有機質固形肥料(必要に応じて)

育て方のポイント

肥料について

元肥だけで十分

101ページのように、用土に有機質固形肥料を混ぜ込みさらに、植え替え時に培養土に緩効性化成肥料（N-P-K＝6-40-6など）をひとつまみ加えて混ぜるだけで（写真）、1年間は追肥は不要です。

緩効性化成肥料の粒が、直接根に触れると根が傷むことがあります。肥料を入れたら、新たに少量の培養土を入れて株を置き、植え替えます。

追肥は必要なときのみ

植え替えは1年に1回が基本ですが、何らかの理由で1年以上植え替えができなかった場合などには、元肥の効果がだんだん失われてしまいます。株がよく成長している4〜5月、9月下旬〜10月下旬であれば、液体肥料（N-P-K=6-10-5など）を規定倍率に薄めたものを月1回、水やり代わりに施せます。

Column
そろえておきたい道具

栽培に慣れてくると、植え替え、株分け、葉ざし、根ざしなど、より複雑な作業を行う機会がふえてきます。必要に応じて、道具をそろえておきましょう。

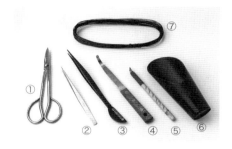

①ハサミ、②ピンセット、③へらつきピンセット（盆栽用）、④先の曲がったへら、⑤カッター、⑥土入れ、⑦盆栽用アルミワイヤー（根の少ない株の固定用）

ハオルチア
栽培で困ったときに

Question Haworthia Q&A

Q&A

Answer

Q トルンカータの葉が伸びた

トルンカータを育てています。冬、寒さが心配で、室内に入れて水を切って管理していたのですが、葉がどんどん伸びてしまいました。

A 秋口には仕立て直す

冬に室内に株を取り込んで、生育できる温度帯（最低温度15℃以上）で管理すると、水を切っても、日ざしが弱いか、日照時間が短ければ、徒長することがあります。春まで室内で管理するのであれば、窓辺の日ざしがよくさし込む場所で管理するか、LED照明などで光を補う必要があります。

ハオルチアの1年の生育サイクルを考えると、冬は生育停滞期。半休眠の状態で過ごさせるのが一般的です。冬に生育させると、本来の生育期の春になっても成長に勢いが出ないことがあります。冬だからといって、すぐに室内に取り込むなど、過保護にせず、霜や北風が当たらず、最低温度0〜3℃以下にならない、戸外の簡易温室などで管理したほうでよいでしょう。

葉は一度伸びてしまうと、元には戻りません。時間をかけて、株を仕立て直しましょう。

春からの生育期に、適切な明るさの日ざしになるべく長時間当てて、風通しよく、水を控えめに育てていると、やがて外側の古い葉だけが徒長し、内側の新しい葉は短くて締まった姿になります（下記参照）。

夏の半休眠期を越えて、9月の生育期に入ったころに、植え替えを兼ねて、仕立て直しを行います。長い外葉はすべてむしり取り、締まった短い内側の葉だけにして植えつけます。子株が多く出ている場合は、それぞれの株に同様の処理をし、株分けをするとよいでしょう。

徒長した葉

徒長した葉

伸び出した締まった新葉

トルンカータ。徒長した株を適切に管理すると、締まった新葉が伸び出した。

(103)

ハオルチア Q&A

Q 一番下の葉が枯れた

一番下の葉が、干からびたように、枯れてきています。病気でしょうか。

A 病気ではない。植え替え時に取り除く

ハオルチアの成長点はロゼット状に広がった株の中心部にあります。新しい葉はこの中央部から伸び出して、古い葉は外側へと押しやられていきます。一番下の葉というのは最も古い外葉。新陳代謝で役割を終えて、枯れてきているのでしょう。

地上部の葉は地下部の根とほぼ1対1でつながっていると考えられています。

根が古くなって活力を失ったり、傷んできたりすると、それに呼応して、古い葉もしおれ、枯れてきます。水のやりすぎで過湿になったり、1年に1回の植え替えを怠って培養土が劣化したりすると、古い根から傷みやすくなり、それに伴って、下葉も枯れやすくなります。

観賞上、気になるようでしたら、枯れた葉をピンセットなどで取り除きます。植え替え時まで待って、枯れた下葉を一斉に取り除いてもかまいません。

枯れた下葉が株元に隠れていることも多い。植え替え時にていねいに取り除く。

Q 葉が赤茶けてきた

室内から戸外に出したとたん、葉が赤茶けてきました。

A 戸外に出したら1～2週間やや暗めに光の量を調節する

冬の寒い時期を室内で管理したあと、3月ごろ急に戸外に移動させると、葉が赤茶けることがあります。これは一時的に軽

い葉焼けを起こしたもので、葉が傷んで枯れてしまったわけではありません。

　冬、戸外の軒下や簡易温室などで栽培するときは、22〜40％の遮光下で管理するのが適当です。しかし、室内では窓辺などの明るい場所に置いているつもりでも、明るさが足りず、日照時間も不足しがちです。この室内の環境になじんだ株を、3月、戸外の遮光率40〜50％の遮光ネットの下に移動させると、一時的に葉が赤茶けてしまいます。

　そのまま強い日ざしに当て続けると、葉焼けを起こし、白くなってかびたようになります。こうなると葉は回復せず、ひどくなると株全体が枯死してしまうこともあります。

　室内から戸外に鉢を移動させるときは、1〜2週間程度、株の上に薄い遮光ネットを追加するなど強めに遮光し、環境に慣らせるとよいでしょう。株数が少なければ、48ページのように、ティッシュと霧吹きを使う方法もあります。

　なお、単に赤茶けただけの葉であれば適切な明るさで栽培していると、株が環境に慣れて、緑色に戻り、1〜2か月で回復します。

戸外に移したら、1〜2週間は環境に慣れるまで、やや強く遮光しよう。

ハオルチア Q&A

Q なかなか大きくならない

ベイエリーを育てています。入手して3年ほどたつのですが、いつまでたっても大きくなりません。毎年、元肥を入れた培養土で植え替えています。

A 日ざし、水やりを見直そう

ハオルチアの普通の種類であれば、3年程度栽培していると、大株に成長していてもおかしくはありません。ただし、ベイエリー、コンプト、万象などの「単頭タイプ」（子株ができづらく、成長点がふえないため単頭になる）では、生育が遅く、なかなか大きくならないことがあります。

栽培上のトラブルは特にないのに、大きくならない場合は、日ざしか水やり、あるいはその両方が不足しているからでしょう。1年で新しい葉が2〜3枚出ていても、外葉が同じ枚数枯れていると、株はいつまでたっても大きくなりません。

株を大きく成長させるためには、それぞれの季節で日ざし、風通し、水やりが十分に確保できて、同時にバランスがとれている必要があります。

日ざしは適度な明るさを維持しつつ、同時に日照時間をなるべく長く確保することが必要です。

また、葉に厚みがなくふっくらとしていなければ、水不足、温度不足の可能性大です。水やりの頻度や量を少しふやします。水やりをふやして徒長の不安がある場合は、風通しをさらによくするようにしましょう。

ベイエリーの成長はほかのハオルチアよりもゆっくりめ。

Q 硬葉系は日ざしに強い？

硬葉系も葉焼けしますか？ 軟葉系よりは、直射日光にも強いんですよね。

A 軟葉系と大きくは変わらない

硬葉系も葉焼けします。たしかに、硬葉系は軟葉系よりも明るい場所を好むだけでなく、硬葉系らしい締まった株姿にするために強めの日ざしが必要と考えがちです。しかし実際には夏の遮光率でいえば、

Haworthia Q&A

軟葉系が50〜60%の遮光下に対して、硬葉系は40〜50%の遮光下が最適というように、さほど大きく異なるわけではありません。

硬葉系のなかでもプミラ、ソルディダなどは40〜50%の遮光下で育ちますが、竜鱗のように軟葉系と同じ程度の明るさの日ざしを好むものもあります。最も注意したいのは、7月下旬の梅雨明けの晴天の日です。夏に備えて早くから遮光ネットを張っていても、梅雨の曇りの日が続いたあとに突然、強い日ざしが当たると、株が環境に慣れずに葉焼けを起こして、茶色くなってしまいます。そもそも真夏の時期は水やりをかなり減らしているため、急に強い日ざしを浴びて、硬葉系のとがった葉がねじれたり、先端だけが枯れてしまうこともあります。季節の変わり目には日ざしの変化に特に注意して、環境を整えましょう。

Q 硬葉系は交配が難しい?

いろいろな種類で交配を楽しんでいますが、硬葉系はなかなかうまく結実しません。

A 花が咲いたら早めに交配する

硬葉系は種類によって交配しにくいものがあります。花が咲いて傷むのが早いた

めで、タイミングを逸すると、すぐに花から蜜が出て、うまく交配できません。また、相性によって交配しにくい組み合わせもあります。

花が咲いたら雄しべに花粉がついているのを確認し、晴れている午前中から14時ごろまでの間に交配すると結実しやすいでしょう。

Q 株元がぐらつく

植え替えてしばらくたつのですが、株元がぐらぐらして根づいてないように見えます。

A アルミ線で株を固定する

株元がぐらぐらするのは、新陳代謝で根の入れ替えがうまくいっていないためでしょう。

根は養水分を吸って集める機能がある以外にも、株全体をしっかり固定するという重要な役割があります。根が傷んで、株を支えられなくなっているのでしょう。

鉢内の過湿による蒸れで根が傷んでいる場合は、水やりを一時的に控えて、株を回復させます。植え替えの適期であれば、残っている根を傷めないようにして、新しい培養土で植え替えます。

もう一つ、典型的なのは、葉ざし、根ざ

ハオルチア **Q&A**

植え替え直後は、株がぐらつかないように、アルミ線で株を固定する。

あれば、植え替えができます。その後、しっかりと栽培すれば、新たな根が伸びて、安定してきます。

　通常であれば、しっかりした根が何本も生えていますが、過湿で根が傷んだり、新陳代謝で古い根が役割を終えたりといった理由で、健全な白い根がごくわずかしか残っていないこともありえます。

　残った根を傷つけないように、ていねいに植え替えます。植え替え後、株がぐらつ

などで新しくつくった株や、傷んだ根をほとんど整理した株を植えつけた場合です。もともと根の数が少ない状態で株が不安定なところに、株元から新しく元気な根が伸びて、株全体を押し上げてしまうことがあります。これは作業後、半月から1か月程度のときによく起こります。

　いずれにしても、株を安定させることが大切なので、アルミ線などで押さえて、しっかりと固定しておきましょう。

Q 根が1本しかない！

　植え替えのときに根を見ると、1本太い根があるだけでした。大丈夫でしょうか。

A ていねいに植え替えれば大丈夫

　ハオルチアはしっかりした根が1本でも

下葉がぶよぶよに腐りかけていた株の根鉢をくずしてみると、根が腐って、太い根が1本しか残っていなかった。この状態でも植え替えできる。

くと、根の活着が悪くなるので、株をアルミ線などで固定しておきましょう。

また、株が古くなると、徐々に株のつけ根が太い軸のようになって、発根が悪くなり、ほとんどの根が失われてしまう場合もあります。こうしたときはあえて軸の下の部分を根ごと切ると、残った軸のわきから新しい根が勢いよく伸びて、株自体も若返ります。軸を切ったあとは、2～3日間、そのままで日陰に置いて傷口を乾燥させてから植えつけます。

Q 万象の窓の模様が薄くなった

万象を育てています。窓の模様がだんだん薄くなってきているのですが、どうしたらよいでしょうか。

A 高温、日照不足、肥料切れなどに注意

万象などの窓に白い線が入る種類では、いかにこの模様をきれいに保つかが重要なポイントになります。

模様の色が薄くなる原因の1つは高温です。暑い時期に、簡易温室や一般温室に置いたままで換気を怠ると窓全体がぼんやりと濁ったようになり、模様の白い線は少なくなることがあります。また。日照不足や肥料切れになると、同時に葉全体の緑色が薄くなり、生育も止まり、新葉

が小さくなってしまいます。

このほか、万象を交配し、タネをまいて育てると、株ごとに違いが出て、模様の入らない個体が出現する可能性もあります。模様のきれいなもの、整ったものを優先して残して育てましょう。

高温期には万象の上に遮光ネットを切ったものをのせて、模様をきれいに保つ。

Q 窓だけ地上に出して育てたい

自生地のように、株を土に埋めて、窓の部分だけを地上に出して育てたいのですが、どうしたらよいでしょうか。土を工夫したらよいでしょうか。

A おすすめしませんが、軽石を利用する方法も

葉の先端の窓の部分だけを地上に出すためには、株元を培養土に深めに埋める

ハオルチア **Q&A**

必要があります。日本の栽培環境では高温多湿の時期が避けられず、どうしても蒸れやすく、株の中心部の成長点が傷む可能性があるので、あまりおすすめできません。

1つの方法として、植え替え時に株元のあたりまで培養土を入れたあと、その上に軽石を厚めに敷くことです。軽石ならば水はけがよく、また空気も通りやすいので、蒸れにくくなります。葉がすべて軽石に隠れるほど埋め込まないで、半分程度にとどめたほうが安全です。

それでも普通に栽培していると、自然に株が持ち上がり、葉が地上部に長く伸びてきます。あまり葉が伸びず、軽石に潜った状態で育てるには、雨季と乾季のはっきりした自生地をイメージして、夏にはほとんど水を与えないなど、メリハリをつけて管理をします。それ以外の時期も通常の栽培よりもやや遮光率を下げて、葉焼けしない程度の強い日ざしを長時間当てて育てるのがコツです。

Q 根が傷んで甘い香りがする

植え替え時に根鉢をほぐしてみると、根が傷んでいて、甘い香りを発しています。病気でしょうか。

A ネカイガラムシの被害。植え替え時に取り除く

ネカイガラムシの被害だと思われます。ネカイガラムシは根を食害しますが、傷んだ根からは独特の甘い香りがするため、すぐにわかります。培養土をよく見ると、小さな白いネカイガラムシが見つかります。

傷んだ根を取り除き、根をよく水洗いして、2〜3日日陰で乾かしたあと、植え替えます。ネカイガラムシは2〜3年植え替えを怠ると発生が目立ちます。1年に1回必ず植え替えを行い、そのときに根をチェックして退治するとよいでしょう。

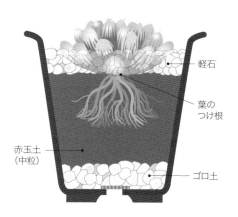

深植えにするなら、表面に軽石を敷き、赤玉土（中粒）で植え込む。

主要な害虫と病気

アブラムシ

葉の裏や株の中心部の新葉にまれにつく。水やりを頻繁に行う時期であれば、ハス口のついたジョウロで勢いよく水をかけて、洗い流すこともできる。発生時期になったら、置き場に黄色の粘着捕殺シートを設置して、飛来するアブラムシを取り除くとよい。

アザミウマ

乾燥した環境で発生しやすく、葉の色が悪くなり、生育が衰える。肉眼では見つけにくい。アブラムシと同様の防除方法が有効。

カイガラムシ

葉の間に白い粉のようなものがつく。葉の間が茶色く変化していたら食害のあと。春先や晩夏の葉の間が開いたときにチェック。綿棒や筆先などでからめ取る。

ネカイガラムシ

左ページ参照。

黒腐病

細菌性の病気。軟腐病と同じように葉がぶよぶよになるが、患部からはにおいがしない。放置すると葉が溶けてしまう。軟腐病と同様の方法で対処。

黒斑病

カビの一種による病気。葉に黒い点ができ、観賞価値を損ねる。夏の多湿の時期に発生しやすい。風通しを図るなど、栽培環境を整える。

軟腐病

細菌性の病気。葉がつけ根のほうからぶよぶよになり、放置すると溶けて、腐った強烈なにおいを発する。株元から全体に広がると株ごとダメになるので注意。葉の異常を見つけたら、すぐにその葉をつけ根から取り除き、よく風に当てて乾かす。カイガラムシなどの食害によって病原菌が入ることがあるので、害虫の防除も大切。

軟腐病にかかった株。こうなると回復しない。

NHK 趣味の園芸

12か月栽培ナビ NEO

多肉植物
ハオルチア

2019年11月15日 第1刷発行
2023年 7 月20日 第7刷発行

著者／霾岡秀明
©2019 Tsuruoka Hideaki
発行者／松本浩司
発行所／NHK出版
〒150-0042
東京都渋谷区宇田川町10-3
電話／0570-009-321(問い合わせ)
　　　0570-000-321(注文)
ホームページ
https://www.nhk-book.co.jp
印刷／凸版印刷
製本／ブックアート

乱丁・落丁本はお取り替えいたします。
定価はカバーに表示してあります。
本書の無断複写(コピー、スキャン、
デジタル化など)は、著作権法上
の例外を除き、著作権侵害となります。
Printed in Japan
ISBN978-4-14-040286-3　C2361

霾岡秀明

つるおか・ひであき／1972
年、東京都生まれ。昭和5年
創業の多肉植物・サボテンの
老舗、鶴仙園の三代目。「サ
ボテン愛」をモットーに、てい
ねいに栽培、管理した丈夫な
株を販売する。特にハオルチ
アに力を入れており、販売し
ている種の数は日本有数。

鶴仙園
＜駒込本店＞
〒170-0003
東京都豊島区駒込6-1-21
☎03-3917-1274
＜西武池袋店＞
〒171-8569
東京都豊島区南池袋1-28-1
西武池袋本店9階屋上
☎03-5949-2958
http://sabo10.tokyo/
※2019年10月現在

アートディレクション
岡本一宣

デザイン
小埜田尚子、加瀬 梓、
井上友里、佐々木 彩
(O.I.G.D.C.)

撮影
田中雅也

イラスト
楢崎義信

写真提供・撮影協力
霾岡秀明、大堀 潤

DTP
ドルフィン

校正
安藤幹江、前岡健一

編集協力
三好正人

企画・編集
上杉幸大(NHK出版)

参考サイト
ALL YOU WANT TO KNOW ABOUT
HAWORTHIA,GASTERIA&ASTROLOBA
http://haworthia-gasteria.blogspot.com/
※2019年10月現在